高等职业教育课程改革系列教材

模拟电子电路分析与应用

第 2 版

主　编　潘春月
副主编　李爱秋　沈正华
参　编　颜晓河　杨仲盛

机械工业出版社

本书依据典型的职业工作任务,设计了6个教学项目,分别为简易充电器的制作与调试、简易助听器的制作与调试、热电阻测温放大器的制作与调试、函数信号发生器的制作与调试、红外音频信号转发器的制作与调试、0~30V可调直流稳压电源的制作与调试。

本书将相关知识和技能融入各个项目中,培养学生元器件识别与检测能力、电子仪器仪表使用能力、模拟电子电路分析与安装能力、电路调试能力、技术资料查询能力以及综合素质和创新能力。

本书可作为高等职业教育电气自动化技术专业、电子信息工程技术专业、应用电子技术专业及相关专业教材,也可作为成教学院、职工大学相关专业的教材,对从事电子技术相关领域的工程技术人员亦有一定的参考价值。

为方便教学,本书配有电子课件、模拟试卷及解答,凡选用本书作为授课教材的教师可登录机械工业出版社教育服务网(http://www.cmpedu.com),注册并免费下载。

图书在版编目(CIP)数据

模拟电子电路分析与应用/潘春月主编.—2版.—北京:机械工业出版社,2022.12(2025.2)
高等职业教育课程改革系列教材
ISBN 978-7-111-71805-5

Ⅰ.①模… Ⅱ.①潘… Ⅲ.①模拟电路-高等职业教育-教材 Ⅳ.①TN710

中国版本图书馆CIP数据核字(2022)第189014号

机械工业出版社(北京市百万庄大街22号 邮政编码100037)
策划编辑:王宗锋　　　　　责任编辑:王宗锋
责任校对:郑　婕　张　薇　封面设计:马精明
责任印制:张　博
北京建宏印刷有限公司印刷
2025年2月第2版第2次印刷
184mm×260mm · 13印张 · 321千字
标准书号:ISBN 978-7-111-71805-5
定价:45.00元

电话服务　　　　　　　　　网络服务
客服电话:010-88361066　　机　工　官　网:www.cmpbook.com
　　　　　010-88379833　　机　工　官　博:weibo.com/cmp1952
　　　　　010-68326294　　金　书　网:www.golden-book.com
封底无防伪标均为盗版　　机工教育服务网:www.cmpedu.com

前言

"模拟电子技术"是高等职业院校自动化和电子信息类专业学生必修的一门专业基础课程,为了帮助学生打好专业基础,培养工程应用能力,对"模拟电子电路分析与应用"教材内容做了相应的调整,以满足高等职业教育的要求。

本次修订主要体现以下特点:

1. 本书力争做到内容结构合理,突出基础专业知识和实用技能训练,增加素质目标。根据专业培养目标,合理设计6个教学项目,每个项目以项目导入、项目实施条件、相关知识与技能、项目制作与调试、项目总结与评价、仿真测试和习题为主线,采用"教、学、做"交替教学模式,培养学生元器件识别与检测能力、电子仪器仪表使用能力、模拟电子电路分析与安装能力、电路调试能力以及技术资料查询能力。教材中增加的 Multisim 仿真训练内容,旨在提高实践训练的实效性,拓宽学习的时空性。

2. 本书打造体现"互联网+"新形态的开放式学习平台,立体化资源丰富。本书配有大量教学视频,以二维码的形式呈现,同时配有教学计划、考核方案、电子课件、习题及参考答案、仿真训练案例等,方便教学。本书在浙江省高等学校在线开放课程共享平台(www.zjooc.cn)有配套的在线课程,读者可自行前往免费学习。

3. 本书由高职院校与企业共同开发编写,突出职业能力训练与职业素养的培养。编写过程中围绕职业岗位的知识和技能要求,从典型工作任务出发设计教学项目,强调项目制作与调试,从而提高学生的实践能力和职业能力。

本书由潘春月主编,李爱秋、沈正华任副主编,参加编写的还有颜晓河和杨仲盛。其中项目1、项目4由李爱秋编写,项目2、附录A、附录B由潘春月编写,项目3由沈正华编写,项目6由颜晓河编写。杨仲盛工程师根据企业岗位需求,给教材编写提供了中肯的建议,并编写项目5。全书由潘春月统稿、定稿。

由于编者水平有限,书中难免有疏漏和不妥之处,恳请读者批评指正。

编 者

二维码索引

名称	二维码	页码	名称	二维码	页码
杂质半导体		3	虚拟仪器——数字式万用表		23
PN结的单向导电性		3	虚拟仪器——函数信号发生器		23
二极管的特性与参数		5	虚拟仪器——示波器		24
二极管使用常识		7	器件介绍		25
稳压二极管		9	单相半波整流电路仿真测试		26
单相桥式整流电路		14	发光二极管应用电路仿真测试		26
单相桥式整流电路仿真测试		14	二极管限幅电路仿真测试		27
单相桥式整流电容滤波电路仿真测试		15	晶体管的结构与电流放大作用		33
简易充电器的制作与调试		19	晶体管的特性		36
Multisim仿真基础		22	晶体管的主要参数		37

（续）

名称	二维码	页码	名称	二维码	页码
共发射极放大电路的结构与工作原理		43	热敏电阻测温放大器的制作与调试		106
共发射极放大电路分析		44	测量放大器电路分析		107
共集电极放大电路分析		49	反相比例运算电路仿真测试		112
反馈的类型与判别		63	反相加法运算电路仿真测试		112
简易助听器的制作与调试		66	减法运算电路仿真测试		113
单管共发射极放大电路仿真测试		69	积分运算电路仿真测试		113
共集电极放大电路仿真测试		70	微分运算电路仿真测试		113
集成运放的电压传输特性		90	振荡电路的基本概念		122
基本运算电路		92	振荡条件		123
有源滤波电路基本概念		98	RC 正弦波振荡电路		124
有源低通和有源高通滤波电路		100	电压比较器		134

（续）

名称	二维码	页码	名称	二维码	页码
方波发生器		139	复合管构成的互补对称功率放大电路		159
集成运放构成的方波产生电路仿真测试		139	集成功率放大电路		160
集成运放构成的三角波产生电路仿真测试		141	红外音频信号转发器的制作与调试		163
函数信号发生器的制作与调试		143	OCL 功率放大电路仿真测试		166
RC 正弦波振荡电路仿真测试		147	OTL 功率放大电路仿真测试		166
电感三点式 LC 正弦波振荡电路仿真测试		147	直流稳压电源系统的组成与质量指标		172
占空比可调的方波发生器仿真测试		147	三端稳压器应用电路		175
乙类互补对称功率放大电路		155	可调式三端稳压器		177
功率放大电路的输出功率与效率仿真测试		156	直流稳压电源的制作与调试		183
甲乙类互补对称功率放大电路		158	正负两路输出直流稳压电源电路仿真测试		185

本书常用符号说明

A　　电流的单位安[培]、运放器件
A　　放大倍数、增益
A_f　　反馈放大电路的增益、反馈放大电路的放大倍数
A_i　　电流增益、电流放大倍数
A_{uo}　　开环电压增益、开环电压放大倍数
A_u　　负载电压增益、负载电压放大倍数
A_{uc}　　共模电压增益、共模电压放大倍数
A_{ud}　　差模电压增益、差模电压放大倍数
A_{uf}　　闭环电压增益、闭环电压放大倍数
A_{uS}　　考虑信号源内阻时的源电压放大倍数
a　　整流元件的阳极(正极)
B　　晶体管的基极
BW　　频带宽度、通频带
C　　电容
C_B　　隔直电容
C_E　　发射极旁路电容
C_f　　反馈电容
C　　晶体管的集电极
D　　场效应晶体管的漏极
E　　晶体管的发射极
$\dot{F}$　　反馈系数
F_u　　电压反馈系数
f　　频率
f_H　　放大电路的上限频率
f_L　　放大电路的下限频率
f_0　　谐振频率、中心频率
f_n　　特征频率
f_P　　截止频率、转折频率
G　　场效应晶体管的栅极
G　　电导
g　　微变电导
g_m　　跨导
I、i　　电流
I_C　　集电极静态电流、直流电流
I_c　　集电极电流交流分量有效值
I_{cm}　　集电极电流交流分量幅值
ΔI_C　　集电极电流变化量
I_D　　二极管静态电流、漏极静态电流

符号	含义
I_F	二极管正向平均电流
i_i	输入电流
I_{iB}	输入偏置电流
I_{io}	输入失调电流
I_i	输入电流有效值
i_L	负载电流
I_o	输出电流有效值
I_{oM}	最大输出电流
I_R	二极管反向电流
I_S	信号源电流、二极管饱和电流
I_+、i_+	运放同相端输入电流
I_-、i_-	运放反相端输入电流
i_C	集电极总电流
i_c	集电极电流交流分量
i_F	反馈电流
i_I	总输入电流
K	热力学温度单位
KA	继电器
K_{CMR}	共模抑制比
k	整流元件的阴极（负极）
L	自感系数、电感
M	互感系数、互感
N	电子型半导体
N	绕组的匝数比
P	功率
P	空穴型半导体
Q	静态工作点、品质因数
q	电子的电荷量、占空比
R	电阻
R_B、R_C、R_E	晶体管放大电路的基极、集电极、发射极电阻
R_G、R_D、R_S	场效应晶体管放大电路的栅极、漏极、源极电阻
R_f	反馈电阻
R_i	放大电路的交流输入电阻
R_L	负载电阻
R_o	放大电路的交流输出电阻
R_P	电位器
r	微变电阻（交流电阻或动态电阻）
r_{be}	晶体管的输入电阻
r_{ce}	晶体管的输出电阻
S	开关、场效应晶体管的源极
S_R	转换速率
S_r	稳压系数
T	温度

符号	含义
T	变压器
t	时间
U、u	电压
$U_{(BR)CBO}$	发射极开路,集电极-基极反向击穿电压
$U_{(BR)CEO}$	基极开路,集电极-发射极反向击穿电压
$U_{(BR)EBO}$	集电极开路,发射极-基极反向击穿电压
$U_{(BR)DS}$	漏极-源极击穿电压
$U_{(BR)GD}$	栅极-漏极击穿电压
$U_{(BR)GS}$	栅极-源极击穿电压
$U_{GS(off)}$	场效应晶体管的夹断电压
$U_{GS(th)}$	场效应晶体管的开启电压
U_i	直流信号输入电压、输入电压有效值
u_{ic}	共模输入电压
u_{id}	差模输入电压、净输入电压
U_{on}	二极管、晶体管的门限电压(死区电压)
U_{REF}	参考电压、基准电压
U_S	信号源电压有效值
U_T	温度的电压当量
U_{T+}	上限阈值电压
U_{T-}	下限阈值电压
U_{VS}	稳压二极管的稳定电压
U_+、u_+	运放同相输入端的输入电压
U_-、u_-	运放反相输入端的输入电压
U_F	二极管导通压降
V_{BB}	晶体管放大电路的基极电源
V_{CC}	晶体管放大电路的集电极电源
V_{DD}	场效应晶体管放大电路的漏极电源
V_{EE}	晶体管放大电路的发射极电源
V_{GG}	场效应晶体管放大电路的栅极电源
V_{SS}	场效应晶体管放大电路的源极电源
VD	二极管
VF	场效应晶体管
VS	稳压二极管
VT	晶体管
X	电抗、反馈电路中的信号量
Z	阻抗
α	晶体管共基极接法的电流放大系数
β	晶体管共发射极接法的电流放大系数
θ	整流元件的导通角
η	效率
φ	相位角、相移
τ	时间常数
ω	角频率
ΔU	回差电压

目　录

前言
二维码索引
本书常用符号说明
项目1　简易充电器的制作与调试 1
　1.1　项目导入 1
　1.2　项目实施条件 2
　1.3　相关知识与技能 2
　　1.3.1　PN结的基本知识 2
　　1.3.2　半导体二极管 5
　　1.3.3　特殊二极管 9
　　1.3.4　半导体二极管的应用 13
　1.4　项目制作与调试 19
　　1.4.1　项目原理分析 19
　　1.4.2　元器件检测 19
　　1.4.3　电路安装与调试 20
　　1.4.4　实训报告 21
　1.5　项目总结与评价 21
　　1.5.1　项目总结 21
　　1.5.2　项目评价 21
　1.6　仿真测试 22
　　1.6.1　虚拟电路的创建 22
　　1.6.2　虚拟仪器的使用 23
　　1.6.3　虚拟元件库中的虚拟元件 25
　　1.6.4　二极管应用电路仿真测试 26
　1.7　习题 27
项目2　简易助听器的制作与调试 32
　2.1　项目导入 32
　2.2　项目实施条件 33
　2.3　相关知识与技能 33
　　2.3.1　双极型晶体管的基本知识 33
　　2.3.2　晶体管基本放大电路 41
　　2.3.3　场效应晶体管放大电路 53
　　2.3.4　多级放大电路 60
　　2.3.5　负反馈放大电路 62
　2.4　项目制作与调试 66
　　2.4.1　项目原理分析 66

         2.4.2　元器件检测 ··· 66
         2.4.3　电路安装与调试 ··· 67
         2.4.4　实训报告 ··· 68
   2.5　项目总结与评价 ·· 68
         2.5.1　项目总结 ··· 68
         2.5.2　项目评价 ··· 68
   2.6　仿真测试 ·· 69
         2.6.1　单管共发射极放大电路仿真测试 ··· 69
         2.6.2　共集电极放大电路仿真测试 ··· 70
   2.7　习题 ·· 71

项目3　热电阻测温放大器的制作与调试

   3.1　项目导入 ·· 79
   3.2　项目实施条件 ·· 80
   3.3　相关知识与技能 ·· 80
         3.3.1　差分放大电路 ··· 80
         3.3.2　集成运放的基本知识 ··· 86
         3.3.3　基本运算电路 ··· 92
         3.3.4　有源滤波电路 ··· 98
   3.4　项目制作与调试 ·· 106
         3.4.1　项目原理分析 ··· 106
         3.4.2　元器件识别与检测 ·· 108
         3.4.3　电路安装与调试 ··· 108
         3.4.4　实训报告 ··· 109
   3.5　项目总结与评价 ·· 109
         3.5.1　项目总结 ··· 109
         3.5.2　项目评价 ··· 110
   3.6　仿真测试 ·· 110
   3.7　习题 ·· 113

项目4　函数信号发生器的制作与调试

   4.1　项目导入 ·· 121
   4.2　项目实施条件 ·· 122
   4.3　相关知识与技能 ·· 122
         4.3.1　正弦波振荡电路 ··· 122
         4.3.2　RC正弦波振荡电路 ·· 124
         4.3.3　LC正弦波振荡电路 ·· 126
         4.3.4　石英晶体正弦波振荡电路 ·· 132
         4.3.5　非正弦波发生器 ··· 134
   4.4　项目制作与调试 ·· 143
         4.4.1　项目原理分析 ··· 143
         4.4.2　元器件检测 ·· 143
         4.4.3　电路安装与调试 ··· 144
         4.4.4　实训报告 ··· 144
   4.5　项目总结与评价 ·· 144
         4.5.1　项目总结 ··· 144

  4.5.2　项目评价 ………………………………………………………………………………… 145
 4.6　仿真测试 ……………………………………………………………………………………… 146
 4.7　习题 …………………………………………………………………………………………… 147

项目5　红外音频信号转发器的制作与调试 ……………………………………………………… 153
 5.1　项目导入 ……………………………………………………………………………………… 153
 5.2　项目实施条件 ………………………………………………………………………………… 154
 5.3　相关知识与技能 ……………………………………………………………………………… 154
  5.3.1　功率放大电路的特点和分类 ………………………………………………………… 154
  5.3.2　乙类互补对称功率放大电路 ………………………………………………………… 155
  5.3.3　甲乙类互补对称功率放大电路 ……………………………………………………… 158
  5.3.4　集成功率放大器 ……………………………………………………………………… 160
  5.3.5　功率管的散热问题 …………………………………………………………………… 162
 5.4　项目制作与调试 ……………………………………………………………………………… 163
  5.4.1　项目原理分析 ………………………………………………………………………… 163
  5.4.2　元器件检测 …………………………………………………………………………… 163
  5.4.3　电路安装与调试 ……………………………………………………………………… 164
  5.4.4　实训报告 ……………………………………………………………………………… 164
 5.5　项目总结与评价 ……………………………………………………………………………… 164
  5.5.1　项目总结 ……………………………………………………………………………… 164
  5.5.2　项目评价 ……………………………………………………………………………… 165
 5.6　仿真测试 ……………………………………………………………………………………… 165
 5.7　习题 …………………………………………………………………………………………… 166

项目6　0～30V可调直流稳压电源的制作与调试 ……………………………………………… 171
 6.1　项目导入 ……………………………………………………………………………………… 171
 6.2　项目实施条件 ………………………………………………………………………………… 172
 6.3　相关知识与技能 ……………………………………………………………………………… 172
  6.3.1　直流稳压电源的基本知识 …………………………………………………………… 172
  6.3.2　串联型稳压电路 ……………………………………………………………………… 174
  6.3.3　集成稳压电路 ………………………………………………………………………… 174
  6.3.4　开关型稳压电路 ……………………………………………………………………… 178
 6.4　项目制作与调试 ……………………………………………………………………………… 183
  6.4.1　元器件检测 …………………………………………………………………………… 183
  6.4.2　电路安装与调试 ……………………………………………………………………… 183
  6.4.3　实训报告 ……………………………………………………………………………… 183
 6.5　项目总结与评价 ……………………………………………………………………………… 184
  6.5.1　项目总结 ……………………………………………………………………………… 184
  6.5.2　项目评价 ……………………………………………………………………………… 184
 6.6　仿真测试 ……………………………………………………………………………………… 184
 6.7　习题 …………………………………………………………………………………………… 185

附录 ………………………………………………………………………………………………… 187
 附录A　实训报告 ………………………………………………………………………………… 187
 附录B　习题参考答案 …………………………………………………………………………… 189

参考文献 …………………………………………………………………………………………… 196

项目 1
简易充电器的制作与调试

1.1 项目导入

简易充电器是一种为蓄电装置提供能量的设备，它能将交流电变换成符合充电要求的直流电。充电器被广泛应用于各领域，尤其是在生活领域中为手机、照相机、剃须刀等常用电器进行充电。充电器电路由电源输入电路、变压电路、整流电路、滤波电路、电路状态指示电路及保护电路组成，如图 1-1 所示。

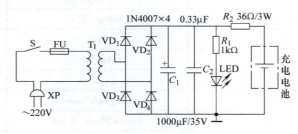

图 1-1　简易充电器电路图

本项目教学目标如下：

1. 知识目标

1）了解简易充电器的基本组成及其主要性能指标。
2）熟悉二极管的结构、符号、分类及性能。
3）熟悉二极管在实际电路中的应用。
4）掌握二极管构成的桥式整流电路及电容滤波电路的参数测试方法。
5）了解电容滤波电路的工作原理。
6）熟悉发光二极管的应用。

2. 能力目标

1）学会查阅整流二极管、电容及发光二极管等元器件的相关资料。
2）能够对电阻、电容、二极管及小型电源变压器等元器件进行检测及质量判别。
3）学会简易充电器电路的安装与调试。
4）了解简易充电器指标的测量方法，能对简易充电器故障进行检修。

3. 素质目标

1）培养热爱劳动的意识。
2）培养讲原则、守规矩的意识。
3）培养团队合作能力，提高交流协调等方面的综合素质。
4）激发学生的学习兴趣和内生动力。

1.2 项目实施条件

场地：学做合一教室或电子技能实训室。
仪器：示波器及万用表。
工具：电烙铁、剪刀、螺钉旋具及剥线钳等。
元器件及材料：实训模块电路或按表 1-1 配置元器件。

表 1-1 元器件清单

序 号	元器件名称	型号及规格	数 量
1	变压器	10W/12V	1
2	发光二极管	红色	1
3	整流二极管	1N4007	4
4	电容	0.33μF	1
5	电解电容	1000μF/35V	1
6	电阻	1kΩ	1
7	电阻	36Ω/3W	1
8	焊锡	ϕ1.0mm	若干
9	导线	单股ϕ0.5mm	若干
10	熔断器	5mm×20mm，0.5A	1
11	通用电路板	100mm×50mm	1
12	电源开关		1

1.3 相关知识与技能

1.3.1 PN 结的基本知识

1. 半导体的导电性能

常用的四价元素硅和锗等纯净半导体称为<u>本征半导体</u>。正常情况下，本征半导体的导电能力很微弱，但当半导体材料受外界光和热的作用时，它的导电能力会明显增强；在纯净的半导体中掺入微量特定的杂质元素，也会使它的导电能力急剧增强。

2. 半导体的本征激发与复合现象

当半导体处于热力学温度 0K（开[尔文]）时，半导体中没有自由电子。当温度升高或受到光的照射时，原子核最外层的电子（称为<u>价电子</u>）能量增高，有的价电子可以挣脱原子核的束缚而参与导电，成为<u>自由电子</u>。这一现象称为<u>本征激发</u>（也称<u>热激发</u>）。因本征激发而出现的自由电子和空穴是同时成对出现的，称为<u>电子-空穴对</u>。游离的部分自由电子也可能回到空穴中去，称为<u>复合</u>。

在一定温度下本征激发和复合会达到动态平衡，此时，载流子（电子和空穴，运载电荷

的粒子称为 载流子)浓度一定,且自由电子数和空穴数相等。

3. N 型半导体和 P 型半导体

在本征半导体中掺入五价元素,如磷或砷等,就形成 N 型(电子型)半导体;掺入三价元素,如硼或铟等,就形成 P 型(空穴型)半导体。N 型半导体和 P 型半导体统称为**杂质半导体**,掺入杂质后的半导体,导电能力显著提高。掺杂浓度越高,导电能力越强。

杂质半导体

在 N 型半导体中,自由电子是多数载流子(简称**多子**),空穴是少数载流子(简称**少子**)。自由电子(多子)的数量为正离子和空穴(少子)数量之和,如图 1-2 所示。

在 P 型半导体中,空穴是多数载流子,电子是少数载流子。空穴(多子)的数量为负离子和自由电子(少子)数量之和,如图 1-3 所示。

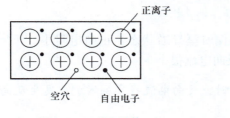

图 1-2　N 型半导体

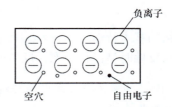

图 1-3　P 型半导体

在杂质半导体中,多子的浓度主要取决于杂质的含量;少子的浓度主要与本征激发有关,它对温度的变化非常敏感,因此,温度是影响半导体器件性能的一个重要因素。

4. PN 结的形成及其单向导电性

半导体中的载流子有两种有序运动:多数载流子在浓度差作用下的 扩散运动 和少数载流子在内电场作用下的 漂移运动。在同一块半导体基片上,根据掺杂材料的不同形成 P 型和 N 型半导体区域,在这两个区域的交界处形成空间电荷区。当多子扩散与少子漂移达到动态平衡时,空间电荷区(也称为 耗尽层 或 势垒区)的宽度基本上稳定下来,PN 结就形成了,如图 1-4 所示。

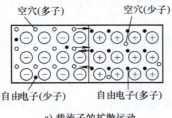
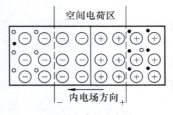

PN结的单向导电性

a) 载流子的扩散运动　　b) PN 结和它的内电场

图 1-4　PN 结的形成

当外加正向电压使 P 区的电位高于 N 区的电位时,称为 正向偏置,简称 正偏,如图 1-5a 所示。此时,外加电压在 PN 结上形成外电场,其方向与内电场方向相反,使空间电荷区变窄,于是多子的扩散运动增强,形成较大的扩散电流,其方向由 P 区流向 N 区,称为 正向电流 I_F,PN 结导通,呈低阻状态,PN 结上流过毫安级电流,相当于开关闭合。

当外加反向电压使 N 区的电位高于 P 区的电位时,称为 反向偏置,简称 反偏,如图 1-5b

所示。此时，外电场的方向与内电场的方向相同，使空间电荷区变宽，于是多子的扩散运动难以进行，流过 PN 结的电流主要由少子的漂移运动形成，其方向由 N 区流向 P 区，称为**反向电流** I_R，PN 结截止，呈高阻状态，PN 结上流过微安级电流，相当于开关断开。

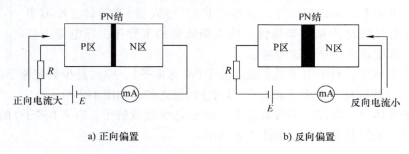

图 1-5 PN 结的单向导电性

PN 结的基本特性是**单向导电性**：PN 结正偏时呈导通状态，正向电阻小，正向电流较大；PN 结反偏时呈截止状态，反向电阻大，反向电流很小。

> **需要注意的是**，当反向电压超过一定数值时，反向电流将急剧增加，发生反向击穿现象，单向导电性被破坏。

5. PN 结的伏安特性

PN 结的伏安特性方程为

$$i = I_S(e^{\frac{u}{U_T}} - 1) \qquad (1-1)$$

式中，I_S 为反向饱和电流；U_T 为温度电压当量，当 $T = 300\text{K}$ 时，$U_T \approx 26\text{mV}$。

当 $u > 0$ 且 $u \gg U_T$ 时，$i \approx I_S e^{\frac{u}{U_T}}$，伏安特性呈非线性指数规律；当 $u < 0$ 且 $|u| \gg U_T$ 时，$i \approx -I_S \approx 0$，电流基本与 u 无关。由此也可说明 PN 结具有单向导电性能。

PN 结的**反向击穿特性**：当 PN 结的反向电压增大到一定值时，反向电流随电压数值的增加而急剧增大，这种现象称为 **PN 结的反向击穿**。

当反向击穿时，只要反向电流不是很大，PN 结未损坏，在反向电压降低后，PN 结仍可恢复单向导电性，这种击穿称为 **PN 结的电击穿**。

当反向击穿时，流过 PN 结的电流过大，使 PN 结温度过高而烧毁，就会造成 PN 结的永久损坏，这种击穿称为 **PN 结的热击穿**。

6. PN 结的温度特性

当温度升高时，PN 结的反向电流增大，正向导通电压减小。这也是半导体器件热稳定性差的主要原因。

7. PN 结的电容效应

PN 结具有一定的电容效应，它由两方面的因素决定：一是势垒电容 C_B，二是扩散电容 C_D，它们均为非线性电容。

势垒电容是空间电荷区变化所等效的电容。势垒电容与 PN 结的面积、空间电荷区的宽度和外加电压等因素有关。

扩散电容是扩散区内电荷的积累和释放所等效的电容。扩散电容与 PN 结的正向电流和温度等因素有关。

PN 结电容由势垒电容和扩散电容组成。PN 结正偏时，以扩散电容为主；反偏时以势垒电容为主。只有在信号频率较高时，才考虑 PN 结电容的作用。

1.3.2 半导体二极管

1. 半导体二极管的结构和类型

在 PN 结上加上引线和封装，就成为一个二极管，其结构原理图与图形符号如图 1-6 所示。由 P 区引出的电极称为<u>阳极</u>（正极），由 N 区引出的电极称为<u>阴极</u>（负极）。

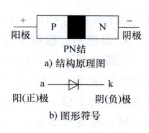

图 1-6 二极管结构原理图与图形符号

二极管的种类很多，按制造材料分，常用的有硅二极管和锗二极管；按用途分，常用的有整流二极管、稳压管、开关二极管和普通二极管等；按结构、工艺分，常见的有点接触型、面接触型和平面型，如图 1-7 所示。

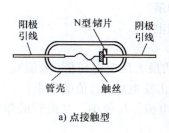
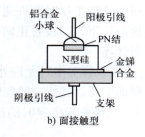
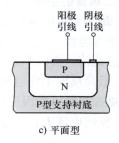

图 1-7 二极管的结构

点接触型二极管 PN 结面积小，结电容小，常用于检波和变频等高频电路中。面接触型二极管 PN 结面积大，结电容大，常用于工频大电流整流电路中。平面型二极管 PN 结面积可大可小，是集成电路中常见的一种形式。

二极管的特性与参数

2. 二极管的伏安特性

二极管的伏安特性曲线如图 1-8 所示，处于第一象限的是正向伏安特性曲线，处于第三象限的是反向伏安特性曲线。

（1）正向特性 当 $U_D > 0$ 时，处于正向特性区域。正向特性区域又分为两段：

1）当 $0 < U_D < U_{on}$ 时，正向电流很小（几乎为零），这个区称为<u>死区</u>，U_{on} 称为<u>死区电压</u>或<u>开启电压</u>，硅管的死区电压约为 0.5V，锗管的约为 0.1V，参见图 1-8 中的 $OA(OA')$ 段。

2）当 $U_D > U_{on}$ 时，开始出现正向电流，并按指数规律增长，这个区称为<u>导通区</u>。硅管的正向导通压降 U_F 为 0.6～0.7V，锗管的为 0.2～0.3V，参见图 1-8 中的 AB（$A'B'$）段。

（2）反向特性 当 $U_D < 0$ 时，即处于反向特性区

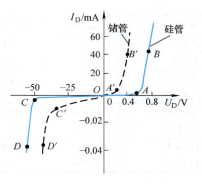

图 1-8 二极管的伏安特性曲线

域。反向特性区域也分两段:

1) 当 $U_{BR} < U_D < 0$ 时,反向电流很小,且基本不随反向电压的变化而变化,此时的反向电流称为<u>反向饱和电流</u>,用 I_S 表示。这个区域称为<u>截止区</u>,参见图1-8中的 $OC(OC')$ 段。

2) 当 $U_D \le U_{BR}$ 时,反向电流急剧增加,这个区域称为<u>击穿区</u>,U_{BR} 称为<u>反向击穿电压</u>。参见图1-8中的 $CD(C'D')$ 段。

3. 温度对二极管伏安特性的影响

二极管的伏安特性对温度的变化很敏感,温度升高时,正向电压减小,反向电流增大,正向特性曲线向左移,反向特性曲线向下移。二极管温度每增加10℃,反向电流大约增加一倍;温度每增加1℃,正向压降 U_D 减小 2~2.5mV,即具有负的温度系数。温度对二极管伏安特性曲线的影响如图1-9所示。

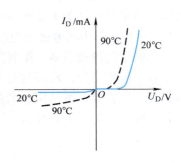

图1-9 温度对二极管伏安特性曲线的影响

4. 二极管的主要参数

1) 最大整流电流 I_{FM}:二极管长期工作时允许通过的最大正向平均电流。在规定的散热条件下,二极管正向平均电流若超过此值,会因结温过高而烧坏。

2) 最高反向工作电压 U_{RM}:二极管工作时允许外加的最大反向电压值(峰值)。若超过此值,则二极管可能因反向击穿而损坏。其值一般取反向击穿电压 U_{BR} 值的一半。

3) 反向电流 I_R:在室温下,二极管未击穿时的反向电流。I_R 越小,二极管的单向导电性越好。

4) 最高工作频率 f_M:二极管正常工作的上限频率。若超过此值,会因结电容的作用而影响其单向导电性。

此外,二极管还有正向压降、结电容及最高结温等参数。

二极管型号比较多,表1-2中列出了几种常见普通整流二极管和检波管的主要参数。另外,还有各种高效整流二极管 HER151/152/153;快速恢复整流二极管 FR151/152/153;高压整流二极管 R1200/1500/1800;高效开关二极管 1N4148/4150/4448 等。

表1-2 几种常见普通整流二极管和检波管的主要参数

型号	参数					备注
	I_{FM}/mA	U_{RM}/V	I_R/μA	f_M	C_j/pF	
2AP1	16	20	≤250	150MHz	≤1	点接触型锗管
2AP12	40	10	≤250	40MHz	≤1	
2CZ52A	100	25	≤100	3kHz		面接触型硅管
2CZ52D	100	200	≤100	3kHz		
2CZ56E	1000	100	≤500	3kHz		应加散热板
2CZ55C	3000	300	≤1000	3kHz		
1N4007	1000	1000	<5	3kHz		
1N5403	3000	300	<10	3kHz		

5. 二极管使用常识

(1) 二极管的型号 国家标准(GB/T 249—2017)规定,国产半导体器件的型号由五部分组成。例如：型号2CZ56B是硅材料整流二极管，如图1-10所示。半导体器件型号组成部分的符号及其意义见表1-3。

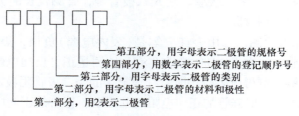

二极管使用常识

图 1-10　国产二极管的命名方法

表 1-3　半导体器件型号组成部分的符号及其意义

第一部分		第二部分		第三部分				第四部分	第五部分
用阿拉伯数字表示器件的电极数目		用汉字拼音字母表示器件的材料和极性		用汉字拼音字母表示器件的类别					
符号	意义	符号	意义	符号	意义	符号	意义		
2	二极管	A	N 型，锗材料	P	小信号管	D	低频大功率晶体管 ($f_a < 3\,\text{MHz}$, $P_C \geq 1\,\text{W}$)	用阿拉伯数字表示登记顺序号	用汉字拼音字母表示规格号
		B	P 型，锗材料	H	混频管				
		C	N 型，硅材料	V	检波管	A	高频大功率晶体管 ($f_a \geq 3\,\text{MHz}$, $P_C \geq 1\,\text{W}$)		
		D	P 型，硅材料	W	电压调整管和电压基准管				
		E	化合物或合金材料						
3	三极管	A	PNP，锗材料	C	变容管	T	闸流管		
		B	NPN，锗材料	Z	整流管	Y	体效应管		
		C	PNP，硅材料	L	整流堆	B	雪崩管		
		D	NPN，硅材料	S	隧道管	J	阶跃恢复管		
		E	化合物或合金材料	N	噪声管	CS	场效应晶体管		
				F	限幅管	BT	特殊晶体管		
				K	开关管	FH	复合管		
				X	低频小功率晶体管 ($f_a < 3\,\text{MHz}$, $P_C < 1\,\text{W}$)	PIN	PIN 二极管		
						JL	晶体管阵列		
				G	高频小功率晶体管 ($f_a \geq 3\,\text{MHz}$, $P_C < 1\,\text{W}$)	ZL	二极管阵列		
						QL	硅桥式整流器		
						SX	双向三极管		
						XT	肖特基二极管		
						CF	触发二极管		
						DH	电流调整二极管		
						SY	瞬态抑制二极管		
						GS	光电子显示器		
						GF	发光二极管		
						GR	红外发射二极管		
						GJ	激光二极管		
						GD	光电二极管		
						GT	光电晶体管		
						GH	光电耦合器		
						GK	光电开关管		
						GL	成像线阵器件		
						GM	成像面阵器件		

（2）二极管极性判别及质量检测 二极管的阳、阴极一般在二极管管壳上有识别标志，有的印有二极管的图形符号；对于 1N 系列的塑料、玻璃封装的二极管，靠近色环（通常为白色）的管脚为阴极；对于变容二极管、发光二极管等，管脚较长的为阳极；对于极性不明的二极管，可用万用表检测判断。

1）用指针式万用表检测。万用表红表笔是（表内电源）负极，黑表笔是（表内电源）正极。对于小功率二极管，可在 $R\times 100$ 档或 $R\times 1k$ 档测量正、反向电阻，各测量一次，注意测量时手不要接触管脚。测得电阻较小时，红表笔接的是二极管阴极，黑表笔接的是二极管阳极，如图 1-11a 所示。一般硅管的正向电阻为几千欧，锗管的正向电阻为几百欧；反向电阻阻值为几百千欧，如图 1-11b 所示。若正、反向电阻阻值相差小，则为劣质管；若正、反向电阻都是无穷大或零，则二极管内部断路或短路。

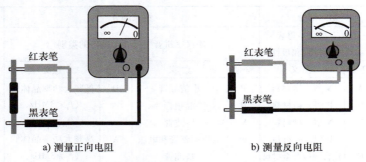

a）测量正向电阻　　　　　　b）测量反向电阻

图 1-11　指针式万用表测二极管正、反向电阻

2）用数字式万用表检测。万用表红表笔是（表内电源）正极，黑表笔是（表内电源）负极。在二极管档（"⊶⊷"档）进行测量，当 PN 结完好且正偏时，显示值为 PN 结两端的正向压降（V）；反偏时，显示"1"。

6. 二极管的电路模型

工程计算中，在分析误差允许的条件下，通常根据二极管在电路中的实际工作状态，把非线性的二极管电路转化为线性电路模型来求解。这里介绍几种较常用的二极管电路模型。

（1）理想模型　当二极管的正向压降远小于外接电路的等效电压，相比可忽略时，常用与坐标轴重合的折线近似代替二极管的伏安特性，如图 1-12a 所示，这样的二极管称为理想二极管。即正偏时压降为 0，导通电阻为 0；反偏时，电流为 0，电阻为 ∞。这种理想模型适用于信号电压远大于二极管压降时的近似分析，二极管在电路中相当于一个理想开关，只要二极管外加正向电压稍大于零，它就导通，其压降为零，相当于开关闭合；当反偏时，二极管截止，其电阻为无穷大，相当于开关断开。

（2）恒压降模型　当二极管的正向压降与外加电压相比不能忽略时，可采用图 1-12b 所示的伏安特性曲线和模型来近似代替实际二极管，该模型由理想二极管与接近实际工作电压的电压源 U_F 串联构成，U_F 不随电流而变。对于硅二极管，U_F 通常取 0.7V，锗二极管取 0.2V；不过，这只有当流经二极管的电流 I_D 近似等于或大于 1mA 时才是正确的。显然，这种模型较理想模型更接近实际二极管。

（3）小信号电路模型　在微小变化范围内可将二极管近似看成线性器件，即可将它等效为一个动态电阻 r_d。这种模型仅限于用来计算叠加在直流工作点 Q 上的微小电压或电流变化时的响应。小信号模型的伏安特性如图 1-13 所示。

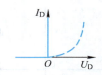

a) 理想模型的伏安特性　　　　　　b) 恒压降模型的伏安特性

图 1-12　理想模型和恒压降模型

【例 1-1】　如图 1-14 所示电路，分别用二极管理想模型和恒压降模型计算回路中电流 I_D 和输出电压 U_o。已知图中二极管为硅管。

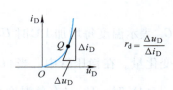

图 1-13　小信号模型的伏安特性

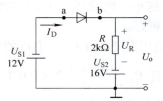

图 1-14　例 1-1 图

【解】　假设二极管断开。因为 $V_a = -12\text{V}$，$V_b = -16\text{V}$，所以 $V_a > V_b$，二极管正偏导通。

（1）用理想模型

$$I_D = \frac{U_R}{R} = \frac{-U_{S1} + U_{S2}}{R} = \frac{-12+16}{2}\text{mA} = 2\text{mA}$$

$$U_o = -U_{S1} = -12\text{V}$$

（2）用恒压降模型

$$U_F = 0.7\text{V}$$

$$I_D = \frac{U_R}{R} = \frac{-U_{S1} + U_{S2} - U_F}{R} = \frac{-12+16-0.7}{2}\text{mA} = 1.65\text{mA}$$

$$U_o = I_D R - U_{S2} = 1.65 \times 2\text{V} - 16\text{V} = -12.7\text{V}$$

1.3.3　特殊二极管

1. 稳压管

（1）稳压管的结构及特性　　稳压管是一种特殊的面接触型硅二极管，通过反向击穿特性实现稳压作用。稳压管的伏安特性与普通二极管类似，其正向特性为指数曲线；当外加反向电压的数值增大到一定程度时则发生击穿，击穿曲线很陡，几乎平行于纵轴，如图 1-15 所示。当电流在一定范围内时，稳压管表现出很好的稳压特性。

（2）稳压管的主要参数

1）稳定电压 U_{VS}：指当稳压管通过规定的测试电流时，稳压管两端的电压值。由于制造工艺的原因，同一型号的稳压管的稳定电压具有一定的分散性，例如 2CW55 型稳压管的 U_{VS} 为 6.2~7.5V（测试电流 10mA）。但对于一只具体的稳压管，其稳定电压则是唯一确定的值。

稳压二极管

2)最大稳定工作电流 I_{VSM} 和最小稳定工作电流 I_{VSmin}：稳压管的最大稳定工作电流取决于最大耗散功率，即 $P_{VSM} = U_{VS}I_{VSM}$，而 I_{VSmin} 对应 U_{VSmin}。若工作电流 $I_{VS} < I_{VSmin}$，则不能稳压。

3)额定功耗 P_{VSM}：$P_{VSM} = U_{VS}I_{VSM}$，超过此值，稳压管会因结温升太高而烧坏。

4)动态电阻 r_{VS}：稳压管两端电压变化量与相应电流变化量的比值，即 $r_{VS} = \Delta U_{VS} / \Delta I_{VS}$，$r_{VS}$ 越小，则稳压管的击穿特性越陡，稳压效果越好。

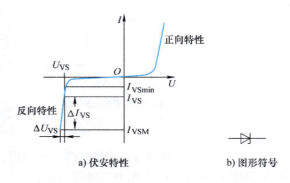

图 1-15 稳压管

5)电压温度系数 C_{TV}：温度的变化将使 U_{VS} 改变，C_{TV} 表示温度每增加 1℃ 时 U_{VS} 改变的百分数，即 $C_{TV} = \dfrac{\Delta U_{VS} / U_{VS}}{\Delta T} \times 100\%$。其中，$\Delta T$ 为温度变化量。在稳压管中，当 $|U_{VS}| > 7V$ 时，U_{VS} 具有正温度系数，反向击穿是雪崩击穿；当 $|U_{VS}| < 4V$ 时，U_{VS} 具有负温度系数，反向击穿是齐纳击穿；当 $4V < |U_{VS}| < 7V$ 时，稳压管可以获得接近零的温度系数。这样的稳压管可以作为标准稳压管使用。

(3) 稳压管稳压电路 稳压管在工作时应反接，并串入一只限流电阻。限流电阻有两个作用：一是起限流作用，以保护稳压管；二是当输入电压或负载电流变化时，根据通过该电阻上电压降的变化，取出误差信号以调节稳压管的工作电流，从而起到稳压作用。稳压管应用电路如图 1-16 所示。

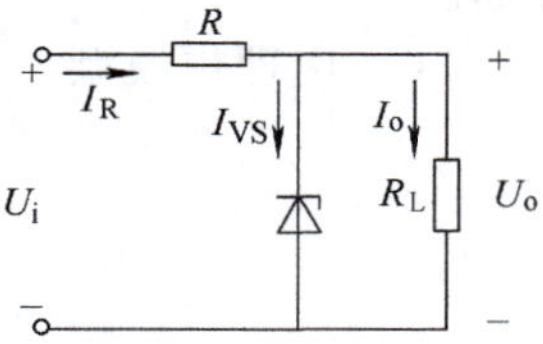

硅稳压管稳压电路是利用稳压管的反向击穿特性来稳压的，由于反向特性陡直，所以较大的电流变化也只能引起较小的电压变化。

图 1-16 稳压管应用电路

1)输入电压变化时如何稳压？根据图 1-16 可知

$$U_o = U_{VS} = U_i - U_R = U_i - I_R R \tag{1-2}$$

$$I_R = I_o + I_{VS} \tag{1-3}$$

输入电压 U_i 的增加，必然引起 U_o 的增加，即 U_{VS} 增加，从而使 I_{VS} 增加，I_R 增加，使 U_R 增加，从而使输出电压 U_o 减小。这一稳压过程可概括如下：

$$U_i\uparrow \to U_o\uparrow \to U_{VS}\uparrow \to I_{VS}\uparrow \to I_R\uparrow \to U_R\uparrow \to U_o\downarrow$$

这里 U_o 减小应理解为，由于输入电压 U_i 的增加，在稳压管的调节下，使 U_o 的增加没有那么大而已，U_o 还是要增加一点的。

2)负载电流变化时如何稳压？负载电流 I_o 的增加，必然引起 I_R 的增加，即 U_R 增加，从而使 $U_{VS} = U_o$ 减小，I_{VS} 减小。I_{VS} 的减小必然使 I_R 减小，U_R 减小，从而使输出电压 U_o 增加。这一稳压过程可概括如下：

$$I_o\uparrow \to I_R\uparrow \to U_R\uparrow \to U_{VS}\downarrow (U_o\downarrow) \to I_{VS}\downarrow \to I_R\downarrow \to U_R\downarrow \to U_o\uparrow$$

（4）限流电阻的计算　稳压管稳压电路的稳压性能与稳压管击穿特性的动态电阻有关，与限流电阻 R 的阻值大小有关。稳压管的动态电阻越小，限流电阻 R 越大，稳压性能越好。

1）当输入电压最小，负载电流最大时，流过稳压管的电流最小。此时 I_{VS} 应不小于 I_{VSmin}，由此计算出限流电阻的最大值，实际选用的限流电阻应小于最大值，即

$$R_{max} = \frac{U_{imin} - U_{VS}}{I_{VSmin} + I_{omax}} \tag{1-4}$$

2）当输入电压最大，负载电流最小时，流过稳压管的电流最大。此时 I_{VS} 应不超过 I_{VSmax}，由此可计算出限流电阻的最小值。即

$$R_{min} = \frac{U_{imax} - U_{VS}}{I_{VSmax} + I_{omin}} \tag{1-5}$$

因此，限流电阻取值应满足

$$R_{min} < R < R_{max} \tag{1-6}$$

> **注意**：在使用稳压管时，一定要串入限流电阻，不能让它的功耗超过规定值，否则会造成损坏！

2. 光电二极管

光电二极管又称光敏二极管，光电二极管工作在反偏状态，可将光信号转换成电信号。没有光照时，反向电流极其微弱，称为<u>暗电流</u>；有光照时，反向电流迅速增大到几十微安，称为<u>光电流</u>；光照越强，反向电流越大。光电二极管的核心部分也是一个 PN 结，和普通二极管相比，在结构上不同的是，为了便于接受入射光照，光电二极管在设计和制作时尽量使 PN 结的面积相对较大，管壳上有一个玻璃窗口，以便接受光照。光电二极管的图形符号如图 1-17 所示。

图 1-17　光电二极管的图形符号

3. 发光二极管

发光二极管是半导体二极管的一种，可以把电能转化成光能，常简写为 LED。发光二极管与普通二极管一样，也是由一个 PN 结组成，也具有单向导电性。通常用化学元素周期表中Ⅲ、Ⅴ族元素的化合物如砷化镓（GaAs）、磷化镓（GaP）等制成。正向导通时能发光，普通发光二极管正向导通压降为 1～2.5V，正向工作电流为 5～40mA。

（1）发光二极管的特性与种类　普通发光二极管具有体积小、工作电压低、工作电流小、发光均匀稳定、响应速度快及寿命长等优点，可用各种直流、交流、脉冲等电源驱动点亮。它属于电流控制型半导体器件，使用时需串接合适的限流电阻。

发光二极管的颜色可做成多种多样，常用的是发红光、绿光或黄光的二极管。磷砷化镓二极管发红光，磷化镓二极管发绿光，碳化硅二极管发黄光。蓝色发光二极管是近年来开发的新技术产品，有的还能根据所加电压高低发出不同颜色，即变色发光二极管；从结构材料上讲，发光二极管也分成许多种，主要有陶瓷环氧、金属底座和全塑封 3 种。发光二极管的体积较小，根据需要，外形可以做成圆形、箭头形、方形、圆柱形及矩阵型等多种。发光二极管常见外形及图形符号如图 1-18 所示。

（2）发光二极管的主要参数　常用的型号有 BT101、BT201、BT301（红色）、BT104、BT204、BT304（黄色）、BT103、BT203 及 BT303（绿色）等。

小电流发光二极管的主要参数包括电学参数和光学参数。

1)电学参数主要有工作电流、最大工作电流、正向压降及反向耐压等。这些参数的意义和普通二极管相应参数的意义类似。小电流发光二极管的工作电流不宜过大,最大工作电流为50mA。正向启辉电流近似为1mA,测试电流为10~30mA。有些发光二极管的工作电流大,发光亮度高,但长期连续使用容易使发光二极管亮度衰退,降低使用寿命。

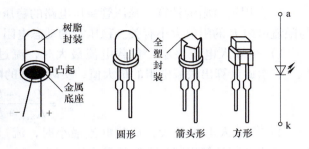

图1-18 发光二极管常见外形及图形符号

由于选用的材料不同、工艺不同,发光二极管正向压降值也不同,一般压降为1~2.5V。发光二极管的反向耐压一般小于6V,最高不会超过十几伏,这是不同于一般硅二极管的。

2)光学参数包括发光波长及发光亮度等。由于选材不同、工艺不同,发光二极管发光的波长也不同。发光二极管的光通量是个重要指标,一般用Φ表示,该数值越大,说明亮度越强。

(3)发光二极管驱动电路 发光二极管可以用直流、交流、脉冲等电源驱动点亮。电源驱动电路如图1-19所示。

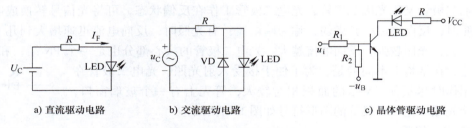

a)直流驱动电路   b)交流驱动电路   c)晶体管驱动电路

图1-19 电源驱动电路

图1-19a为直流驱动电路。图中,R为限流电阻,改变R的阻值,可以改变发光二极管的工作电流,从而调整发光二极管的亮度。同时R能防止发光二极管因工作电流过大而烧毁。R的数值由下式估算:

$$R = \frac{U_C - U_F}{I_F} \tag{1-7}$$

式中,U_C为电源电压;U_F为发光二极管的正向压降;I_F为工作电流。

图1-19b为交流驱动电路。图中,二极管VD用来保护发光二极管在交流负半周时不会被击穿。二极管VD的反向耐压要大于交流电源电压的峰值。电路中R的大小用下式估算:

$$R = \frac{U_m - U_F}{I_m} \tag{1-8}$$

式中,U_m为交流电压u_C的峰值;U_F为发光二极管的正向压降;I_m为工作电流峰值。

图1-19c是晶体管驱动电路。电路中电阻R的大小用下式估算:

$$R = \frac{V_{CC} - U_F}{I_{CS}} \tag{1-9}$$

式中,V_{CC}为电源电压;U_F为发光二极管的正向压降;I_{CS}为晶体管集电极饱和电流。

1.3.4　半导体二极管的应用

整流电路的任务是将交流电变换成单向脉动直流电。二极管具有单向导电特性，可以将交流电变换为单一方向的直流电，因此，二极管是组成整流电路的关键器件。整流电路可以分为三相整流电路和单相整流电路，在小功率(1kW 以下)整流电路中，一般采用单相整流。单相整流电路有单相半波整流电路、单相全波整流电路、单相桥式整流电路和单相倍压整流电路。在此主要介绍应用较为广泛的单相半波整流电路和单相桥式整流电路。

1. 单相半波整流电路

(1) 单相半波整流电路组成　如图 1-20 所示，单相半波整流电路由变压器、二极管和负载构成。由于流过负载的电流和加在负载两端的电压只有半个周期的正弦波，故称半波整流。

(2) 工作原理分析　设二极管为理想二极管，即正向导通压降和正向电阻为零，反向电阻为无穷大；并且忽略变压器的内阻。

在 u_2 的正半周，A 点为正，B 点为负，二极管外加正向电压，因而处于导通状态。电流从 A 点流出，经过二极管 VD 和负载电阻 R_L 流入 B 点，$u_o = u_2$。在 u_2 的负半周，B 点为正，A 点为负，二极管外加反向电压，因而处于截止状态，$u_o = 0$。单相半波整流波形如图 1-21 所示。

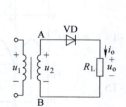

图 1-20　单相半波整流电路

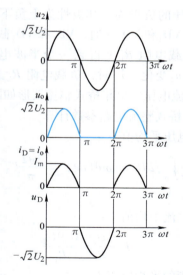

图 1-21　单相半波整流波形

(3) 单相半波整流电路参数计算

1) 输出电压平均值 U_o：

$$U_o = \frac{1}{2\pi}\int_0^\pi \sqrt{2}U_2\sin\omega t\,\mathrm{d}(\omega t) = \frac{2\sqrt{2}}{2\pi}U_2 \approx 0.45U_2 \tag{1-10}$$

2) 输出电流平均值 I_o：

$$I_o = \frac{U_o}{R_L} \approx \frac{0.45U_2}{R_L} \tag{1-11}$$

3)二极管的平均电流 I_D：

$$I_D = I_o \approx \frac{0.45U_2}{R_L} \quad (1\text{-}12)$$

4)二极管所承受的最大反向电压 U_{DRM}：

$$U_{DRM} = \sqrt{2}\,U_2 \quad (1\text{-}13)$$

2. 单相桥式整流电路

（1）单相桥式整流电路组成　单相桥式整流电路如图 1-22 所示。4 个二极管接成了桥式，在 4 个顶点中，相同极性接在一起的一对顶点接向直流负载，不同极性接在一起的一对顶点接向交流电源，使在电压 u_2 的正负半周均有电流流过负载，在负载两端形成单方向的全波脉动电压。

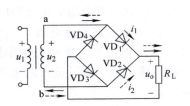

图 1-22　单相桥式整流电路

（2）工作原理分析　设二极管为理想二极管，即正向导通压降和正向电阻为零，反向电阻为无穷大；并且忽略变压器的内阻。

在输入电压的正半周，其极性为上正下负，即 a 点的电位高于 b 点的电位，二极管 VD_1 和 VD_3 导通，VD_2 和 VD_4 截止。电流 i_1（图中实线）的通路是 a→VD_1→R_L→VD_3→b。在负载电阻 R_L 上得到一个半波电压，$u_o = u_2$。

在输入电压的负半周，其极性为上负下正，即 a 点的电位低于 b 点的电位，二极管 VD_2 和 VD_4 导通，VD_1 和 VD_3 截止。电流 i_2（图中虚线）的通路是 b→VD_2→R_L→VD_4→a。在负载电阻 R_L 上得到一个半波电压，$u_o = -u_2$。故当交流电压 u_2 变化一周时，负载电阻 R_L 上得到单一方向的全波脉动直流电压。单相桥式整流波形如图 1-23 所示。

（3）单相桥式整流电路参数计算

1)输出电压平均值 U_o：

$$U_o = \frac{1}{\pi}\int_0^\pi \sqrt{2}\,U_2\sin\omega t\,d(\omega t) = \frac{2\sqrt{2}}{\pi}U_2 \approx 0.9U_2 \quad (1\text{-}14)$$

2)输出电流平均值 I_o：

$$I_o = \frac{U_o}{R_L} \approx \frac{0.9U_2}{R_L} \quad (1\text{-}15)$$

3)二极管的平均电流 I_D：

$$I_D = \frac{I_o}{2} \approx \frac{0.45U_2}{R_L} \quad (1\text{-}16)$$

图 1-23　单相桥式整流波形

4)二极管所承受的最大反向电压 U_{DRM}：

$$U_{DRM} = \sqrt{2}\,U_2 \quad (1\text{-}17)$$

单相桥式整流电路的直流输出电压较高，输出电压的脉动较小，而且电源变压器在正、负半周都有电流供给负载，变压器得到了充分利用，效率较高。因此，这种电路获得了广泛的应用。

【例 1-2】 有一单相桥式整流电路,要求输出 40V 的直流电压和 2A 的直流电流,交流电源电压有效值为 220V。试选择整流二极管。

【解】 由式(1-14)可知,变压器二次电压有效值为

$$U_2 = \frac{U_o}{0.9} \approx 1.11 U_o = 1.11 \times 40\text{V} = 44.4\text{V}$$

由式(1-17)可知,二极管承受的最高反向电压为

$$U_{DRM} = \sqrt{2} U_2 = \sqrt{2} \times 44.4\text{V} \approx 62.8\text{V}$$

由式(1-16)可知,二极管的平均电流为

$$I_D = \frac{1}{2} I_o = \frac{1}{2} \times 2\text{A} = 1\text{A}$$

查阅半导体器件手册,选管型时,其极限参数为安全起见应留有一定裕量,可选用 2CZ56C 型硅整流二极管(需安装相应的散热片)。该管的最高反向工作电压 $U_{RM} = 100\text{V}$,最大整流电流 $I_{FM} = 3\text{A}$。

3. 滤波电路

单相整流电路的输出电压中,除了含有直流分量,还有较大的谐波分量,这些谐波分量总称为**纹波**。为了满足电子设备正常工作的需要,必须采取措施,尽量降低输出电压中的纹波,同时还要尽量保留其中的直流成分,使输出电压更加平滑,接近直流电压。滤波电路的任务就是完成此项工作。

单相桥式整流电容滤波电路仿真测试

滤波电路利用电抗性元件对交、直流阻抗的不同实现滤波。电容和电感是基本的滤波元件。主要利用电容两端的电压不能突变和流过电感的电流不能突变的特点,或者说电容 C 对直流开路,对交流阻抗小,所以电容应该并联在负载两端;电感 L 对直流阻抗小,对交流阻抗大,因此电感 L 应与负载串联,即可达到平滑输出波形的目的。

(1) 电容滤波电路 单相桥式整流电容滤波电路如图 1-24 所示,在负载电阻上并联了一个滤波电容 C。

1) 滤波原理。电容滤波电路输出电压波形如图 1-25 所示,设 $t = 0$ 时,$u_C = 0$V,当 u_2 由零进入正半周时,此时整流二极管 VD_1、VD_3 导通,电容 C 被充电,电容两端电压随着 u_2 的上升而逐渐增大,直至 u_2 达到峰值。如果忽略二极管的正向电压降和变压器内阻,此时 C 相当于并联在 u_2 上,在 u_2 达到最大值时,u_C 也达到最大值,输出波形与 u_2 相同。

当 u_2 到达峰值 $\omega t = \pi/2$ 以后,u_2 开始下降,电容 C 就要以指数规律向负载 R_L 放电。在 $u_2 < u_C$ 期间,4 个二极管均反偏截止,电容放电由 t_1 到 t_2 段。u_C 按指数曲线下降,放电时间常数为 $R_L C$。到了 t_2 时,u_2 另一半周增大且大于 u_C,二极管 VD_2、VD_4 导通,即 $t_2 \sim t_3$ 时刻,C 充电,$u_C = u_2$ 按正弦规律变化。重复上述充放电过程,得到如图 1-25 所示 u_o 波形。

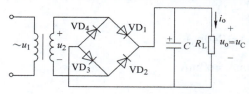

图 1-24 单相桥式整流电容滤波电路

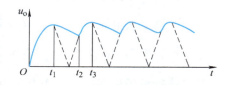

图 1-25 电容滤波电路输出电压波形

2）电容滤波电路参数的计算。

① 输出电压 U_o。为了获得良好的滤波效果，工程上一般要求放电时间常数满足

桥式整流： $\tau = R_L C \geq (3 \sim 5) \dfrac{T}{2}$ （1-18）

半波整流： $\tau = R_L C \geq (3 \sim 5) T$ （1-19）

式中，T 为交流电压的周期，此时输出直流电压近似认为

桥式整流： $U_o = (1.1 \sim 1.2) U_2$ （1-20）

半波整流： $U_o = (1.0 \sim 1.1) U_2$ （1-21）

② 滤波电容的选择。为了获得较好的滤波效果，滤波电容的容量要选择大些，通常按照式(1-18)和式(1-19)来选滤波电容。

滤波电容一般采用电解电容或油浸纸质电容。使用电解电容时，应注意其极性不能接反，否则，电容会被击穿。此外，当负载断开时，电容两端的电压将升高到变压器二次电压峰值，故电容的耐压值大于变压器二次电压峰值，通常取 $(1.5 \sim 2) U_2$。

③ 二极管的选择。当滤波电容进入稳态工作时，电路的充电电流平均值等于放电电流的平均值，因此二极管的最大整流电流应大于正向整流电流平均值。

桥式整流： $I_D = \dfrac{I_o}{2} = \dfrac{U_o}{2 R_L}$ （1-22）

半波整流： $I_D = I_o = \dfrac{U_o}{R_L}$ （1-23）

二极管仅在电容充电时才导通，且放电时间常数越大，导通时间越短。所以，二极管在较短的导通时间内将流过一个较大的冲击电流，为保证滤波电路安全可靠工作，所选二极管的最大整流电流 I_{FM} 应留有充分的裕量，一般 $I_{FM} \geq (2 \sim 3) I_D$。

在桥式整流电容滤波电路中，流过变压器二次绕组的电流是非正弦波，其有效值可按下式估算

$$I_2 = (1.5 \sim 2) I_o \quad (1\text{-}24)$$

在电容滤波电路中，二极管的最高反向工作电压为

半波整流： $U_{DRM} \geq 2\sqrt{2} U_2$ （1-25）

桥式整流： $U_{DRM} \geq \sqrt{2} U_2$ （1-26）

【例1-3】 要求直流输出电压 $U_o = 24V$，$I_o = 120mA$，$220V$ 的交流电源频率 $f = 50Hz$，采用单相桥式整流电容滤波，请选择元器件。

【解】 根据式(1-20)，有 $U_2 = \dfrac{U_o}{1.2} = \dfrac{24}{1.2} V = 20V$

所以变压器的电压比为 $K = \dfrac{U_1}{U_2} = \dfrac{220V}{20V} = 11$

变压器二次电流为 $I_2 = 2 I_o = 2 \times 120mA = 240mA$

二极管平均电流为 $I_D = \dfrac{1}{2} I_o = \dfrac{1}{2} \times 120mA = 60mA$

二极管承受最高反向工作电压为 $U_{DRM} = \sqrt{2} U_2 \approx 28.3V$

二极管最大整流电流为 $I_{FM} \geq (2 \sim 3) I_D = 120 \sim 180mA$

因此，可选择 2CZ53B 硅整流二极管，其允许的最大整流电流为 $I_{FM}=0.3A$，最高反向工作电压 $U_{RM}=50V$。

取
$$R_L = \frac{U_o}{I_o} = \frac{24}{0.12}\Omega = 200\Omega$$

则
$$C \geq (3 \sim 5)\frac{T/2}{R_L} = (3 \sim 5)\frac{0.01}{R_L} = 4 \times \frac{0.01}{200}F = 200\mu F$$

因此可选容量为 $220\mu F$，耐压为 $50V$ 的电解电容。

3）外特性。桥式整流电容滤波电路中，输出直流电压 U_o 随负载电流 I_o 的变化关系曲线称为**外特性**或**输出特性**，如图 1-26 所示。电路输出电压随着输出电流的增大而明显减小，说明该电路带负载能力差。所以电容滤波电路一般适用于负载电流较小且变化不大的场合。

电容滤波电路结构简单、输出电压高、脉动小、纹波也较小，缺点是输出特性较差。

（2）电感滤波电路 电感滤波主要利用电感中的电流不能突变的特点，使输出电流波形比较平滑，从而使输出电压的波形也比较平滑，故把电感 L 与整流电路的负载 R_L 相串联，可以起到滤波的作用。

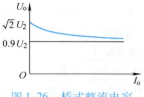

图 1-26 桥式整流电容滤波电路的外特性

电感能滤波也可以这样来理解：由于电感的直流电阻很小，交流阻抗（$X=\omega L$）较大，且谐波频率越高，阻抗越大，所以，整流电压中的直流分量经过电感后基本上没有损失，但交流分量却有很大一部分降落在电感上，ωL 值越大，R_L 越小，交流分量在 ωL 上的分压越多，这样便减小了输出电流及输出电压的脉动成分。频率越高，滤波效果越好。电感滤波适用于负载电流比较大及负载变化较大的场合。但电感铁心笨重，体积大，故在小型电子设备中很少采用。

桥式整流电感滤波电路如图 1-27 所示，电感滤波的波形图如图 1-28 所示。在 u_2 的正半周，VD_1、VD_3 导通，电感中的电流将滞后 u_2。在 u_2 的负半周，电感中的电流将经由 VD_2、VD_4 提供。因桥式电路的对称性和电感中电流的连续性，4 个二极管 VD_1、VD_3、VD_2、VD_4 的导通角都是 $180°$。

（3）复式滤波电路 为了进一步提高滤波效果，可将电感和电容组成复式滤波电路，常用的有 $RC-\pi$ 形、$LC-\pi$ 形和 $LC-\Gamma$ 形复式滤波电路，如图 1-29a~c 所示。各种滤波电路的性能比较列于表 1-4 中。

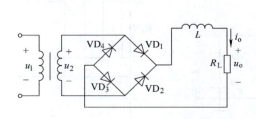

图 1-27 桥式整流电感滤波电路

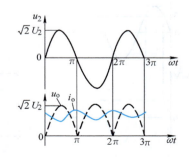

图 1-28 电感滤波的波形图

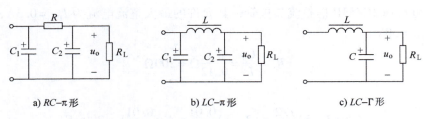

a) RC-π 形　　　　　b) LC-π 形　　　　　c) LC-Γ 形

图 1-29　复式滤波电路

表 1-4　各种滤波电路的性能比较

类型	电容滤波	电感滤波	RC-π 形滤波	LC-π 形滤波	LC-Γ 形滤波
U_o	$1.2U_2$	$0.9U_2$	$1.2U_2\dfrac{R_L}{R_L+R}$	$1.2U_2$	$0.9U_2$
二极管冲击电流	大	小	大	大	小
带负载能力	差	强	差	差	强
适用场合	小电流	大电流	小电流	小电流	大电流或小电流
其他特点	电路简单	电感笨重、成本高	脉动成分减小，但电阻上有直流压降	脉动成分减小，但电感笨重、成本高	脉动成分减小，适应性较强，但也需要电感

4. 半导体二极管限幅电路

（1）单向限幅　利用二极管的单向导电性，将输入电压限定在要求的范围之内，称为限幅。图 1-30 所示是二极管单向限幅电路。当输入电压处于正半周且 $u_i > U_{REF}$ 时，二极管导通，输出电压 $u_o = U_{REF} + U_D$，起到限幅作用；当 u_i 为其他值时，二极管截止，输出电压 $u_o = u_i$，忽略 U_D，其输出波形如图 1-31 所示。

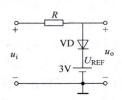

图 1-30　二极管单向限幅电路

（2）双向限幅电路　图 1-32 所示的二极管双向限幅电路中，交流输入电压 u_i 和直流电压 E_1 都对二极管 VD_1 起作用；相应的 VD_2 也同时受 u_i 和 E_2 的控制。在假设 VD_1、VD_2 为理想二极管时，有如下限幅过程发生：当输入电压 $u_i > 3V$ 时，VD_1 导通，VD_2 截止，$u_o = 3V$；当 $u_i < -3V$ 时，VD_2 导通，VD_1 截止，$u_o = -3V$；当 u_i 在 $-3V$ 与 $3V$ 之间时，VD_1 和 VD_2 均截止，因此 $u_o = u_i$，其输出波形如图 1-33 所示。

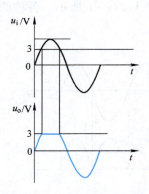

图 1-31　二极管单向限幅电路输出波形

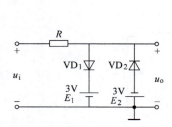

图 1-32　二极管双向限幅电路

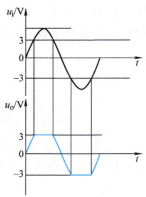

图 1-33　二极管双向限幅电路输出波形

当去掉 VD_2 和 E_2 时，输出电压正半波受到限制，其电路称为<u>正向限幅电路</u>。反之，去掉 VD_1 和 E_1，则构成<u>负向限幅电路</u>。

1.4 项目制作与调试

简易充电器的
制作与调试

1.4.1 项目原理分析

图 1-1 所示电路中，带插头电源线 XP、电源开关 S 及熔断器 FU 构成的电源输入电路，将市电 $u(220\mathrm{V},50\mathrm{Hz})$ 引入变压器 T_1 的一次绕组。变压器 T_1 构成的变压电路，将市电 $(220\mathrm{V},50\mathrm{Hz})$ 变换为符合电路要求的低压交流电。二极管 VD_1、VD_2、VD_3、VD_4 与变压器 T_1 的二次绕组一起构成单相桥式整流电路，将变压器 T_1 二次绕组上的交流电变换为全波脉动直流电。电容 C_1、C_2 构成电容滤波电路，将脉动直流电转换成波动较小的平滑直流电。电阻 R_1、发光二极管 LED 构成电路状态指示电路，指示电路指示整流后平滑直流电压的状态情况。电路中，熔断器 FU 起过电流保护作用，电阻 R_2 起限流保护充电电池的作用。

1.4.2 元器件检测

为了确保电路在正确安装的情况下正常工作，减少不必要的返工，在组装前应对所有的电子元器件进行检测。

1. 电源变压器的检测

对变压器一次侧和二次侧进行直流电阻检测，并且测量铁心与一次侧、一次侧与各二次侧、铁心与各二次侧的绝缘电阻，分别记录在表 1-5 和表 1-6 中。

表 1-5　直流电阻检测值　　　　　　　　　　　　　　（单位：Ω）

一次侧电阻	二次侧电阻

表 1-6　绝缘电阻检测值　　　　　　　　　　　　　　（单位：Ω）

铁心与一次侧	一次侧与各二次侧	铁心与各二次侧

2. 二极管的检测

在充电器电路中用到的 4 只整流二极管及发光二极管，都可以用万用表进行检测，检测结果记于表 1-7 中。

表 1-7　二极管检测数据　　　　　　　　　　　　　　（单位：Ω）

序号	型号	正向导通压降	反向电阻
1	1N4007		
2	LED		

3. 电容的检测

将数字式万用表打在"F"档,电容引脚插入标有"C_X"的插孔直接测量容量,或把表笔插入标有"C_X"的圆形插孔,然后接上电容测量其容量,读取标称容量,计算误差;同时检测漏电阻值,以判别质量是否合格。检测结果记于表 1-8 中。

表 1-8 电容检测值

序号	标称容量/μF	读取耐压值/V	实测容量/μF	漏电阻/Ω	质量判别
1					
2					

4. 电阻的检测

按要求读取标称阻值、标称误差,用数字式万用表测量实际阻值,计算实际误差,判别质量是否合格,检测结果记于表 1-9 中。

表 1-9 电阻检测值

序号	标称阻值及误差/Ω	实测阻值/Ω	实际误差	质量判别
1				
2				

1.4.3 电路安装与调试

1. 电路安装的基本步骤

1)电路的安装一般按照信号的流程进行,本充电器电路可以按电源进线→熔座→整流电路→电容滤波电路→发光二极管指示电路→限流电阻输出的顺序来安装元器件。

2)电路板中各元器件的装配按照"先低后高、先内后外"的原则,先焊整流二极管,再焊电阻、电容、发光二极管,最后焊变压器、熔断器等,谨记电路所有元器件应正确装入通用电路板适当位置,焊接时无错焊、漏焊、虚焊现象发生即可。

2. 电路安装的工艺要求

元器件检测完毕后,便可着手进行充电器电路的安装,安装时要求元器件位置要准确,排列整齐,造型美观。下面介绍不同元器件的安装要求。

1)安装之前,应对元器件进行整形等工艺处理。

2)电阻的安装可采用贴紧安装(无间隙安装)方式,电容均采用直立安装方式,而对于大容量的电容,则应在其引脚处加衬垫以防止其歪斜。

3)整流二极管的安装:本项目所用二极管为 1N4007,采用卧式有间隙安装方式,使二极管离开电路板 0.5~1cm,以利于二极管工作过程中的散热。

4)电源变压器的安装:将电源变压器放在支架上,并用螺钉将其固定。取一副熔座夹,焊在电路板上。

3. 电路测试

1)仔细检查、核对电路与元器件,确认无误后加入规定市电电压。

2)用示波器观测变压器二次侧输出电压波形,看输出信号幅值是否符合要求,此时输出应是幅值为 12V 左右的交流电压。

3）如变压器输出正常，则用示波器观测整流电路的输出情况，此时输出应为脉动的直流信号。

4）用示波器观测滤波电路输出是否为较为平滑的直流信号，用交流档观察应为锯齿波。

5）测试输出电压是否符合技术要求。

1.4.4 实训报告

实训报告格式见附录 A。

1.5 项目总结与评价

1.5.1 项目总结

1）半导体二极管是由 PN 结构成的，PN 结具有单向导电性，即正向偏置导通，反向偏置截止。

2）整流电路利用半导体二极管的单向导电特性，将交流电转换成单向脉动直流电。常用的整流电路有单相半波整流、单相全波整流、单相桥式整流和单相倍压整流 4 种。在全波和桥式整流电路中，二极管要装接正确，否则会烧毁二极管。

为了滤去整流输出中的交流分量，通常在整流电路后接有滤波电路，常用的滤波电路有电容滤波、电感滤波电路及复式滤波电路。电容滤波电路适用于小负载电流，而电感滤波电路适用于大负载电流。在实际工作中常将两者结合使用。

3）稳压管是一种特殊二极管，它的反向击穿特性较陡，通常工作在反向击穿区。稳压电路要注意其限流电阻的选取。稳压管的正向特性与普通二极管相近。

4）发光二极管和光电二极管也是特殊二极管，在使用时发光二极管必须正向偏置，而且必须串联限流电阻才能正常使用。光电二极管必须反向偏置。

1.5.2 项目评价

项目评价原则是"过程考核与综合考核相结合，理论考核与实践考核相结合，教师评价与学生评价相结合"，本项目占 6 个项目总分值的 15%，具体评价内容参考表 1-10。

表 1-10 项目 1 评价表

考核项目	考核内容及要求	分值	学生评分（50%）	教师评分（50%）	得分
电路制作	1）能正确检测项目中所用元器件 2）能制定详细的实施流程与电路调试步骤 3）电路板设计制作合理，元器件布局合理，焊接规范	30 分			

（续）

考核项目	考核内容及要求	分值	学生评分(50%)	教师评分(50%)	得分
电路调试	1）能正确使用仪器仪表 2）能正确测量出充电器电路的技术指标 3）能正确判断电路故障原因并及时排除故障	30分			
实训报告编写	1）格式标准，表达准确 2）内容充实、完整，逻辑性强 3）有测试数据记录及结果分析	20分			
综合职业素养	1）遵守纪律，态度积极 2）遵守操作规程，注意安全 3）富有团队合作精神	10分			
小组汇报总评	1）电路结构设计、原理说明 2）电路制作与调试总结	10分			
总分		100分			

1.6 仿真测试

Multisim 是近年比较流行的仿真软件之一，它在计算机上虚拟出一个包含各种元器件和设备的硬件工作台，仿真实验可以加深学生对电路结构、原理的认识与理解，使学生熟练地使用仪器，学会正确的测量方法。Multisim 软件基于 Windows 操作环境，所用的元器件、仪器等所见即所得，只要用鼠标单击，随时可以取用，完成参数设置、组建电路、启动运行和分析测试等。

> **注意**：软件仿真只能加深对电路原理的认识与理解，实际中要考虑元器件的非理想化、引线及分布参数的影响。

1.6.1 虚拟电路的创建

1. 元件操作

Multisim仿真基础

1）元件选用：单击"Place"出现下拉菜单，在菜单中单击"Component"，移动鼠标到需要的元件图标上，选中元件，单击"确定"，将元件拖拽到工作区。

2）元件的移动：选中后用鼠标拖拽或按←、↑、→、↓键确定位置。

3）元件的旋转：选中后，顺时针按 Ctrl + R 键，逆时针按 Ctrl + Shift + R 键。元件的复制：选中后按"Copy"键。元件粘贴：按"Paste"键。元件删除：选中后按"Delete"键。

4）在"元件选用"中就要确定好元件参数，Multisim 中元件型号是美国、欧洲、日本等规定的型号,注意同我国元件的互换关系,同时注意频率的适应范围。

2. 导线的操作

1)连接:鼠标指向一个元件的端点,出现十字小圆点,单击并拖拽导线到另一个元件的端点,出现小红点后再次单击。

2)删除导线:将鼠标指针指向要选中的导线并单击,这时导线周围出现多个小方块,按"Delete"将选中导线删除。

1.6.2 虚拟仪器的使用

1. Multisim 界面主窗口(见图 1-34)

图 1-34　Multisim 界面主窗口

2. 万用表的使用

双击"万用表"图标 ，出现图 1-35 所示界面,可选择测量电流、电压、电阻等,也可选择测量交流或直流,还可进行参数设置。

3. 信号发生器的使用

双击"信号发生器"图标 ，出现图 1-36 所示界面,可选择信号波形(正弦波、方波、三角波),设置频率、振幅等参数。

虚拟仪器——
数字式万用表

虚拟仪器——
函数信号发生器

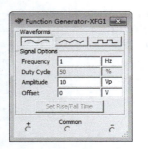

图 1-35　万用表参数设置界面　　图 1-36　信号发生器参数设置界面

4. 示波器的使用

双击"示波器"图标 ，出现图 1-37 所示界面，与实际示波器操作基本相同，该虚拟示波器可观察 Channel A 和 Channel B 两路信号的波形，Time base 为时间基准，Trigger 用于设置示波器触发方式。按"Reverse"按钮可使波形在白色背景和黑色背景之间转换。

虚拟仪器——示波器

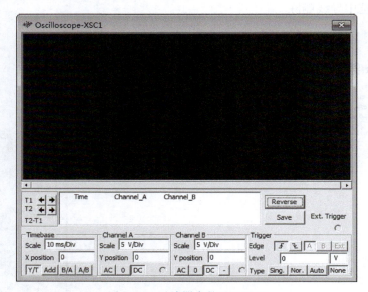

图 1-37 示波器参数设置界面

绘制用双踪示波器观察信号发生器输出信号波形的电路，如图 1-38 所示，运行电路得到如图 1-39 所示的信号波形。移动指针可以测量信号周期和振幅。

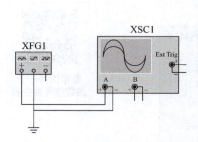

图 1-38 用双踪示波器观察信号发生器输出信号波形的电路

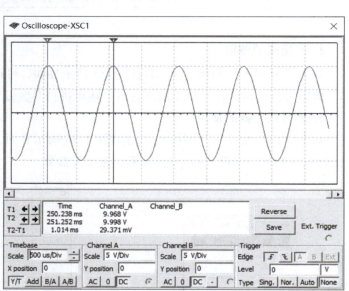

图 1-39 示波器观察到的信号波形

1.6.3 虚拟元件库中的虚拟元件

图 1-40 所示为虚拟元件库中的常用虚拟元件。图 1-40a 是信号源，图 1-40b 是基本元件。

器件介绍

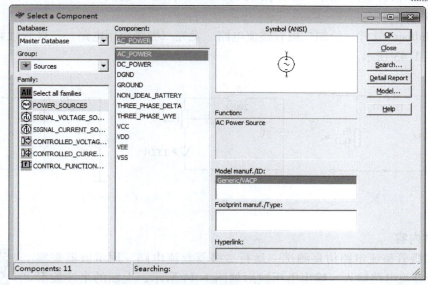

a) 信号源

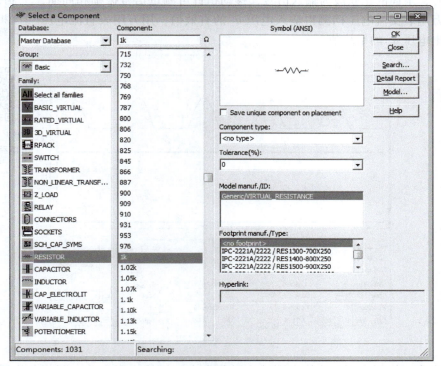

b) 基本元件

图 1-40 虚拟元件库中的常用虚拟元件

1.6.4 二极管应用电路仿真测试

1. 仿真目的

1）熟练 Multisim 基本操作。
2）熟悉二极管整流电路、限幅电路及发光二极管应用电路。

2. 仿真电路

打开 Multisim 软件，绘制二极管整流电路、发光二极管应用电路、二极管限幅电路，如图 1-41～图 1-43 所示。

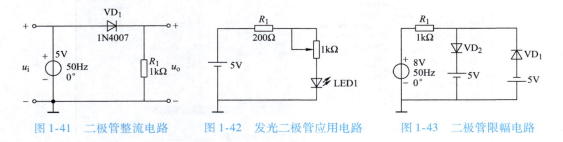

图 1-41　二极管整流电路　　　图 1-42　发光二极管应用电路　　　图 1-43　二极管限幅电路

3. 测试内容

（1）二极管整流电路仿真测试　运行二极管整流电路，用示波器观察到的二极管整流电路输入、输出电压波形如图 1-44 所示，上面的半波波形为输出信号，下面的正弦波为输入信号，移动指针可测量信号振幅和周期，也可以用万用表交流电压档测得输入电压 u_i 的有效值，用万用表直流电压档测得输出电压 u_o 的平均值。

单相半波整流电路仿真测试

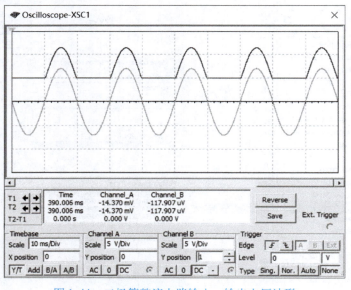

图 1-44　二极管整流电路输入、输出电压波形

发光二极管应用电路仿真测试

（2）发光二极管应用电路仿真测试　运行发光二极管应用电路，调节电位器，使发光二极管亮度变化，用电压表和电流表测量发光二极管亮与不亮时，其两端的电压和流过的电

流，并记录在自制表格中。

（3）二极管限幅电路仿真测试　运行二极管限幅电路，用示波器观察到的二极管限幅电路输入、输出电压波形如图 1-45 所示，输出电压幅度限制在 ±5V。

二极管限幅电路仿真测试

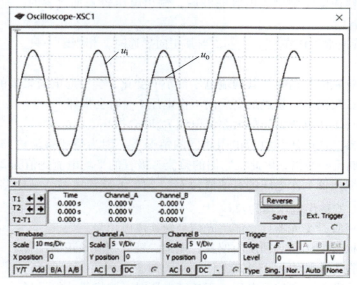

图 1-45　二极管限幅电路输入、输出波形

4. 思考题

1）如果将整流电路中的二极管方向反接，波形会有什么变化？

2）如何得到仅限制上限幅值的波形？画出电路。

1.7　习题

1. 填空题

（1）理想二极管的正向电阻为_____，反向电阻为_____。

（2）在 N 型半导体中，多子是_____，少子是_____；在 P 型半导体中，多子是_____，少子是_____。

（3）半导体中有_____和_____两种载流子参与导电，其中_____带正电，而_____带负电。

（4）普通硅二极管的正向导通压降范围大约为_____ V，工程估算时一般取_____ V；锗二极管的正向导通压降范围大约为_____ V，工程估算时一般取_____ V。发光二极管的正向导通压降范围大约为_____ V。

（5）在相同温度下，硅二极管的反向饱和电流比锗二极管的_____。

（6）如果将 10V 的直流电压源的正、负端直接接在发光二极管的正、负两极，则将使发光二极管_____。

（7）如用交流电压表测得变压器二次侧的交流电压为 20V，经桥式整流后，则在纯电阻负载两端用直流电压表测出的电压值约为_____；经桥式整流电容滤波后，直流电压表测出的电压值约为_____。

（8）利用二极管单向导电性和导通后两端电压基本不变的特点，可以组成_____电路。

（9）在桥式整流电路中接入电容滤波后，输出电压较未加电容时_____，二极管的导通角较未加电容时_____。

（10）稳压管通常工作在_____，当其正向导通时，相当于一只_____。

2. 判断题

（1）硅二极管正向导通时，其两端电压很小的变化，会引起电流较大的变化。（　　）

（2）二极管在反向电压超过最高反向工作电压 U_{RM} 时会损坏。（　　）

（3）二极管在工作电流大于最大整流电流 I_{FM} 时会损坏。（　　）

（4）在变压器二次电压和负载电阻相同的情况下，因为桥式整流电路的输出电流是半波整流电路输出电流的两倍，因此，它们的整流二极管的平均电流比值为 2∶1。（　　）

（5）若电源变压器二次电压的有效值为 U_2，则半波整流电容滤波电路和桥式整流电容滤波电路在空载时的输出电压均为 $\sqrt{2}U_2$。（　　）

（6）光电二极管是受光器件，能将光信号转换成电信号。（　　）

（7）发光二极管使用时必须反向偏置，光电二极管则应该正向偏置。（　　）

（8）二极管在工作频率大于最高工作频率 f_M 时会损坏。（　　）

（9）当二极管两端正向偏置电压大于死区电压时，二极管才能导通。（　　）

（10）在桥式整流电路中，如用交流电压表测出变压器二次侧的交流电压为 40V，则在纯电阻负载两端用直流电压表测出的电压约为 36V。（　　）

3. 选择题

（1）对于 2CZ 型二极管，以下说法正确的是(　　)。

A. 点接触型，适用于小信号检波

B. 面接触型，适用于整流

C. 面接触型，适用于小信号检波

（2）二极管正向电压从 0.7V 增大 15% 时，流过的电流增大(　　)。

A. 15%　　　　B. 大于 15%　　　　C. 小于 15%

（3）如图 1-46 所示，电路中二极管是理想的，电阻 R 为 6Ω。当普通指针式万用表置于 $R \times 1$ 档时，用黑表笔（通常接表内电源正极）接 B 点，红表笔（通常接表内电源负极）接 A 点，则万用表的指示值为(　　)。

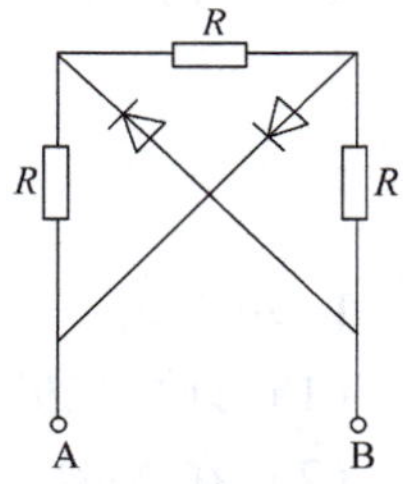

A. 18Ω　　　　B. 9Ω　　　　C. 3Ω　　　　D. 2Ω

图 1-46　选择题(3)图

（4）加在 PN 结上的反向电压数值增大时，空间电荷区(　　)。

A. 基本不变　　B. 变宽　　　C. 变窄

（5）分别用万用表的 $R \times 100$ 档和 $R \times 1k$ 档测量同一 PN 结的正向电阻，前者的测量结果应(　　)后者。

A. 小于　　　　B. 大于　　　　C. 等于

（6）理想二极管的导通压降为(　　)。

A. 0.7V   B. 0.2V   C. 0V

（7）利用二极管的（　　）组成整流电路。

A. 正向特性   B. 单向导电性   C. 反向击穿特性

（8）稳压管工作于正常稳压状态时，其反向电流应满足（　　）。

A. $I_D = 0$ B. $I_D < I_{VS}$ 且 $I_D > I_{VSM}$

C. $I_{VS} > I_D > I_{VSM}$ D. $I_{VS} < I_D < I_{VSM}$

（9）单相桥式整流电路输出电压的平均值为（　　）。

A. $0.45U_2$ B. $0.9U_2$ C. $1.1U_2$ D. $1.2U_2$

（10）在单相半波整流电路中，所用整流二极管的数量是（　　）。

A. 四只   B. 二只   C. 一只

4. 分析计算题

（1）估算图 1-47 所示电路中流过二极管的电流 I_D 和 A 点的电位，设二极管为 2CP 型，正向导通压降为 0.7V。

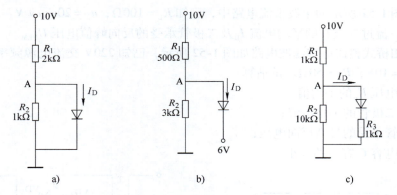

图 1-47　计算题（1）图

（2）图 1-48 所示电路中的二极管均为理想二极管，判断它们是否导通，并求 A、O 两端电压 U_{AO} 和流过电路中电阻的电流 I。

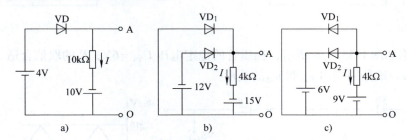

图 1-48　计算题（2）图

（3）电路如图 1-49 所示，输入交流信号 $u_i = 10\sin\omega t$ mV，电容 C 对交流信号可视为短路。试求输出电压 u_o。

（4）二极管双向限幅电路如图 1-50 所示，设 $u_i = 10\sin\omega t$ V，二极管为理想器件，试画出输入电压 u_i 和输出电压 u_o 的波形。

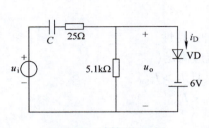

图 1-49　计算题(3)图

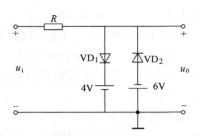

图 1-50　计算题(4)图

（5）画出单相桥式整流电容滤波电路，若要求 $U_o = 20\text{V}$，$I_o = 100\text{mA}$，试求：

1）变压器二次电压有效值 U_2、整流二极管参数 I_F 和 U_{DRM}；

2）滤波电容容量和耐压；

3）电容开路时输出电压的平均值；

4）负载电阻开路时输出电压的大小。

（6）如图 1-51 所示的半波整流电路中，已知 $R_L = 100\Omega$，$u_2 = 20\sin\omega t$ V，试求输出电压的平均值 U_o、流过二极管的平均电流 I_D 及二极管承受的反向峰值电压 U_{DRM}。

（7）单相桥式整流电容滤波电路如图 1-52 所示，已知 220V 交流电源频率 $f = 50\text{Hz}$，u_2 的有效值 $U_2 = 10\text{V}$，$R_L = 50\Omega$。试估算：

1）输出电压 U_o 的平均值；

2）流过二极管的平均电流；

3）二极管承受的最高反向电压；

4）滤波电容 C 容量的大小。

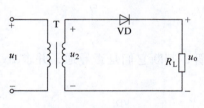

图 1-51　计算题(6)图

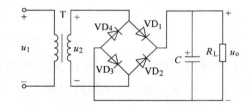

图 1-52　计算题(7)图

（8）电路如图 1-53a、b 所示，稳压管的稳定电压 $U_{VS} = 6\text{V}$，R 的取值合适，u_i 的波形如图 1-53c 所示。试分别画出 u_{o1} 和 u_{o2} 的波形。

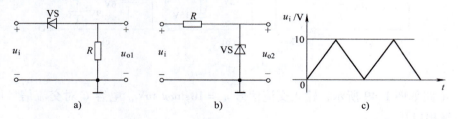

图 1-53　计算题(8)图

（9）图 1-54 所示电路中，发光二极管导通电压 $U_D = 1.8\text{V}$，正常工作时，要求正向电流为 5~15mA。求 R 的取值范围。

（10）图 1-55 所示电路中，稳压管的稳定电压 $U_{VS}=12V$，$U_i=30V$，图中电压表流过的电流忽略不计，试求：

1）当开关 S 闭合时，电压表 V 和电流表 A_1、A_2 的读数分别为多少？

2）当开关 S 断开时，电压表 V 和电流表 A_1、A_2 的读数分别为多少？

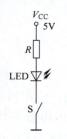

图 1-54　计算题(9)图

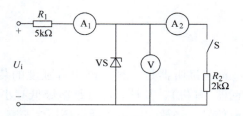

图 1-55　计算题(10)图

项目 2

简易助听器的制作与调试

2.1 项目导入

简易助听器是一种提高声音强度的装置,它由三部分组成:传声器(话筒)、放大器、受话器(耳机),其核心部分是多级低频小信号线性放大电路。传声器将外界声音信号转换为电信号,经放大后由受话器还原为声音。简易助听器电路图如图 2-1 所示。

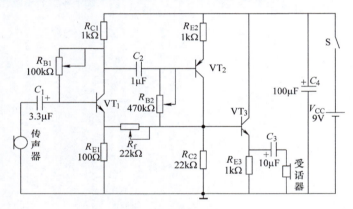

图 2-1 简易助听器电路图

通过本项目的制作与调试,达到以下教学目标:

1. 知识目标

1)了解助听器的基本组成及主要性能指标。
2)熟悉晶体管的结构、符号、分类、特性及参数等。
3)掌握晶体管基本组态放大电路的工作原理、性能指标及应用场合。
4)掌握多级放大电路性能分析方法。
5)掌握负反馈放大电路的工作原理及性能。

2. 能力目标

1)能够查阅晶体管、传声器等元器件资料。
2)能够检测并正确选用阻容元件、晶体管、传声器等元器件。
3)掌握多级放大电路的安装与调试方法。
4)熟练示波器、信号发生器等电子仪器的使用。

3. 素质目标

1)培养维护社会稳定、生态环境平衡的人文意识。
2)培养精诚合作的团队精神。

3）培养学生自信心，提升思想品格。
4）培养学生感恩父母的孝道精神。
5）培养学生的辩证思维。
6）培养吃苦耐劳、刻苦钻研的精神。

2.2 项目实施条件

场地：学做合一教室或电子技能实训室。
仪器：双踪示波器、函数信号发生器、数字式万用表及毫伏表。
工具：电烙铁、螺钉旋具、剪刀及其他装配工具。
元器件及材料：实训模块电路或按表2-1配置元器件。

表2-1 元器件清单

序 号	名 称	型号及规格	数 量
1	晶体管	9012	1
2	晶体管	9013	2
3	电解电容	100μF/25V	1
4	电解电容	10μF/25V	1
5	电解电容	3.3μF/25V	1
6	电解电容	1μF/25V	1
7	电位器	470kΩ	1
8	电位器	100kΩ	1
9	电位器	22kΩ	1
10	电阻	1kΩ	3
11	电阻	100Ω	1
12	电阻	22kΩ	1
13	传声器（话筒）	电容式驻极话筒	1
14	受话器（耳机）	电阻27Ω（代耳机）	1
15	焊锡	φ1.0mm	若干
16	导线	单股 φ0.5mm	若干
17	通用电路板	100mm×50mm	1
18	电源开关		1

2.3 相关知识与技能

2.3.1 双极型晶体管的基本知识

1. 双极型晶体管的结构与类型

双极型晶体管简称BJT，有空穴和自由电子两种载流子参与导电，故称

晶体管的结构与
电流放大作用

双极型晶体管，也常称为半导体晶体管、晶体管等。晶体管具有电流放大作用。

晶体管的结构示意图及图形符号如图 2-2 所示，由 3 层不同性质的半导体组合而成，按其组合方式不同，可分为 NPN 型和 PNP 型两种类型，内部均含有 3 个区（发射区、集电区和基区）、两个 PN 结（发射结和集电结），从 3 个区分别引出 3 个电极（发射极、集电极和基极）。晶体管的制造工艺特点是：发射区的掺杂浓度高，基区很薄且掺杂浓度低，集电结截面积大。这是晶体管具有放大作用的内部条件。晶体管图形符号中的箭头表示发射结正偏时发射极电流的实际方向。

晶体管按结构分，有 NPN 型管和 PNP 型管；按制造材料分，有硅管和锗管；按功率大小分，有小功率管、中功率管和大功率管；按工作频率分，有高频管和低频管等。

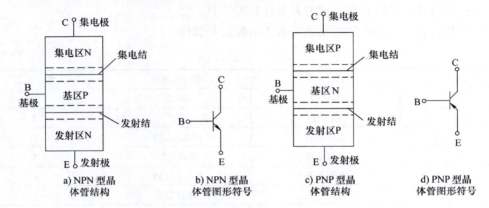

图 2-2 晶体管的结构示意图及图形符号

晶体管常见外形如图 2-3 所示。

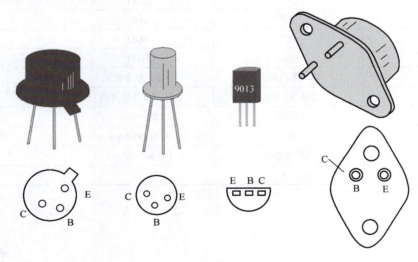

图 2-3 晶体管常见外形

2. 晶体管的电流分配及电流放大作用

晶体管具有电流放大作用的外部条件是发射结正偏，集电结反偏，即对于 NPN 型管，要求 $U_C > U_B > U_E$；对于 PNP 型管，要求 $U_C < U_B < U_E$。

晶体管有 3 个电极，在放大电路中有 3 种连接方式，也称为 3 种组态，即共发射极、共基极和共集电极连接，如图 2-4 所示。图 2-4a 表示以发射极为输入、输出回路的公共电极，称为共发射极连接，图 2-4b 表示以基极为输入、输出回路的公共电极，称为共基极连接，图 2-4c 表示以集电极为输入、输出回路的公共电极，称为共集电极连接。

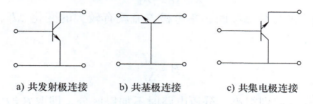

a) 共发射极连接　　b) 共基极连接　　c) 共集电极连接

图 2-4　晶体管电路的 3 种连接方式

图 2-5 所示为 NPN 型晶体管内部载流子运动情况示意图。当发射结正向偏置而集电结反向偏置时，发射区的多子（电子）向基区扩散，基区的多子（空穴）也向发射区扩散，由于基区的掺杂浓度远低于发射区，因而发射区向基区扩散的电子浓度远大于基区向发射区扩散的空穴浓度，两者相比，后者可以忽略。为了保持发射区内载流子浓度的平衡，由外电源 V_{CC} 和 V_{BB} 经过发射极向发射区补充电子，便形成了流出晶体管的发射极电流 I_E。

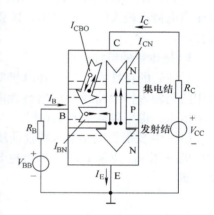

图 2-5　NPN 型晶体管内部载流子运动情况示意图

电子注入基区后，因为靠近发射结的电子多，靠近集电结的电子少，形成浓度差，所以电子要向集电结方向扩散。电子在基区的扩散过程中，由于基区较薄，掺杂少，由发射区注入基区的电子绝大部分扩散到集电结，只有很少部分与基区空穴复合。为了保持基区内空穴载流子浓度的平衡，由外电源 V_{BB} 经过基极向基区补充空穴，便形成了流入基极的电流 I_{BN}，而且 I_{BN} 很小。

由于集电结反偏，使其耗尽层加宽，内电场增强，因此大量没有被复合的电子扩散到集电结边沿，在强电场的作用下，越过集电结到达集电区；为了保持集电区内载流子浓度的平衡，外电源 V_{CC} 使大量电子经过集电极释放，便形成了流入集电极的电流 I_{CN}。同时由于集电结反偏，引起集电区和基区之间少数载流子的定向运动，形成反向饱和电流 I_{CBO}。I_{CBO} 取决于少数载流子的浓度，数值很小，受温度影响很大，易使晶体管工作不稳定。I_{CBO} 越小，晶体管的稳定性越好。

综上所述，晶体管各电极电流关系如下：

$$I_C = I_{CN} + I_{CBO} \tag{2-1}$$

$$I_B = I_{BN} - I_{CBO} \tag{2-2}$$

$$I_E = I_{BN} + I_{CN} = I_B + I_C \tag{2-3}$$

晶体管制造出来时，其内部电流分配关系，即 I_{CN} 和 I_{BN} 的比值已大致确定，这个比值称为共发射极直流电流放大系数 $\bar{\beta}$，即

$$\bar{\beta} = \frac{I_{CN}}{I_{BN}} \tag{2-4}$$

又由于
$$I_C = I_{CN} + I_{CBO}, \quad I_B = I_{BN} - I_{CBO} \tag{2-5}$$
故
$$I_C = \bar{\beta} I_B + (1+\bar{\beta}) I_{CBO} \tag{2-6}$$

当 I_{CBO} 可以忽略时，式(2-6)简化为
$$I_C \approx \bar{\beta} I_B \tag{2-7}$$

当基极电流有微小的变化 ΔI_B 时，集电极电流就有较大的变化 ΔI_C，两者比值称为<u>共发射极交流电流放大系数</u> β，即

$$\beta = \frac{\Delta I_C}{\Delta I_B} \tag{2-8}$$

一般情况下，$\bar{\beta}$ 和 β 差别很小，分析电路时不加以区分，即取 $\bar{\beta}=\beta$，β 为 20～200。

可见，晶体管的集电极电流是基极电流的 β 倍，即用较小的基极电流去控制晶体管，可以使集电极有较大的电流输出，这就是晶体管的电流放大作用，晶体管是一个电流型控制器件。

3. 晶体管的特性曲线

晶体管的特性曲线是指各电极间电压和电流之间的关系曲线，工程上常用的是输入特性曲线和输出特性曲线，可以用晶体管特性图示仪直观地显示出来，也可以从手册上查得。

晶体管的特性

（1）共发射极电路输入特性曲线　输入特性曲线是指当晶体管集电极-发射极电压 u_{CE} 为常数时，基极电流 i_B 与基极-发射极电压 u_{BE} 之间的关系，即

$$i_B = f(u_{BE}) \big|_{u_{CE}=常数} \tag{2-9}$$

如图 2-6 所示，当 $u_{CE}=0$ 时，相当于集电极和发射极间短路，晶体管等效成两个二极管并联，其特性类似于二极管的正向特性（如曲线 1）。当 $u_{CE}>0$ 时，特性曲线右移，但当 $u_{CE}=1V$ 以后，即使再增大 u_{CE}，输入特性曲线基本与 u_{CE} 无关，不再右移。而晶体管工作在放大状态时，u_{CE} 总是大于 1V 的，所以通常就用这条曲线来代表晶体管的输入特性曲线（见曲线 2）。

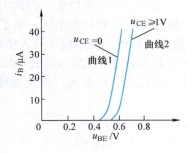

图 2-6　共发射极电路的输入特性曲线

晶体管的输入特性曲线与二极管的正向伏安特性曲线一样，也有一段死区，当发射结电压高于死区电压时，才有 i_B 产生。硅管的死区电压约为 0.5V，锗管约为 0.1V。工作在放大状态时，硅管的导通电压为 0.6～0.7V（通常取 0.7V），锗管的为 0.2～0.3V（通常取 0.3V）。

（2）共发射极电路输出特性曲线　输出特性曲线是指当晶体管基极电流 i_B 为常数时，

集电极电流 i_C 与集电极-发射极电压 u_{CE} 之间的关系，即
$$i_C = f(u_{CE})\big|_{i_B=常数} \quad (2-10)$$

如图 2-7 所示，它是以 i_B 为参变量的一族特性曲线。对于其中某一条曲线，当 $u_{CE} = 0V$ 时，$i_C = 0$；当 u_{CE} 微微增大时，i_C 主要由 u_{CE} 决定；当 u_{CE} 增加到使集电结反偏时，特性曲线进入与 u_{CE} 轴基本平行的区域（这与输入特性曲线随 u_{CE} 增大而右移的原因是一致的）。因此，输出特性曲线可以分为 3 个区域：饱和区、截止区和放大区。

晶体管工作在 3 种不同工作区时的外部条件和特点见表 2-2。

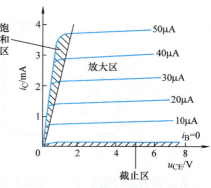

图 2-7　共发射极电路的输出特性曲线

表 2-2　晶体管工作在 3 种不同工作区时的外部条件和特点

工作状态	NPN 型	PNP 型	特点
截止状态	发射结、集电结均反偏 $U_B < U_E$、$U_B < U_C$	发射结、集电结均反偏 $U_B > U_E$、$U_B > U_C$	$I_C = I_{CEO} \approx 0$
放大状态	发射结正偏、集电结反偏 $U_C > U_B > U_E$	发射结正偏、集电结反偏 $U_C < U_B < U_E$	$I_C \approx \beta I_B$
饱和状态	发射结、集电结均正偏 $U_B > U_E$、$U_B > U_C$	发射结、集电结均正偏 $U_B < U_E$、$U_B < U_C$	$U_{CE} = U_{CE(sat)}$ $I_C = I_{CS}$

注：表中 $U_{CE(sat)}$ 称为**饱和压降**，估算时，小功率硅管 $U_{CE(sat)} \approx 0.3V$，锗管 $U_{CE(sat)} \approx 0.1V$，I_{CS} 称为**集电极饱和电流**，指 $U_{CE} = U_{CE(sat)}$ 时的集电极电流。

4. 晶体管的主要参数

（1）电流放大系数

1）直流电流放大系数 $\bar{\beta}$：晶体管为共发射极接法，在集电极-发射极电压 U_{CE} 一定的条件下，集电极直流电流 I_C 与基极电流 I_B 之比，即 $\bar{\beta} = I_C/I_B\big|_{U_{CE}=常数}$，在放大区 $\bar{\beta}$ 基本不变。

晶体管的主要参数

2）交流电流放大系数 β：当集电极电压 u_{CE} 为定值时，集电极电流变化量 Δi_C 与基极电流变化量 Δi_B 之比，即 $\beta = \Delta i_C/\Delta i_B\big|_{u_{CE}=常数}$，在放大区 β 值基本不变。若晶体管的输出特性曲线比较平坦，各条曲线间隔相等，可认为 $\beta \approx \bar{\beta}$，两者可以通用。

选择晶体管时，电流放大系数太小，放大能力差；太大，性能不稳定。

（2）极间反向饱和电流

1）I_{CBO}：指发射极开路时，集电极-基极之间的反向饱和电流。I_{CBO} 可以通过图 2-8 所示电路进行测量，其值很小，一般小功率硅管的 I_{CBO} 小于 $1\mu A$，锗管的为几微安到几十微安。

2）I_{CEO}：指基极开路时，集电极-发射极之间的反向饱和电流，因为它是集电区穿过基区流至发射区的电流，故又称**穿透电流**，是 I_{CBO} 的 $(1+\beta)$ 倍。一般把 I_{CEO} 作为判断晶体管质量的重要依据，I_{CEO} 越小，晶体管质量越好。I_{CEO} 可以通过图 2-9 所示电路进行测量。

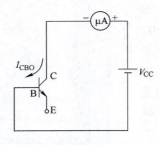
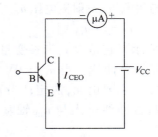

图 2-8　I_{CBO} 测试电路　　　　　图 2-9　I_{CEO} 测试电路

I_{CBO} 和 I_{CEO} 均随温度上升而增大，由于硅管的 I_{CBO}、I_{CEO} 较小，比锗管稳定，实际应用中硅管用得比较多。

（3）极限参数

1）集电极最大允许电流 I_{CM}。当集电极电流增加时，β 就要下降，当 β 值下降到正常 β 值的 1/2 或 1/3 时，所对应的集电极电流称为 集电极最大允许电流 I_{CM}。若 $i_C > I_{CM}$，晶体管不一定会损坏，但 β 值会下降，性能变差。所以实际使用时，应使 $i_C < I_{CM}$。

2）集电极最大耗散功率 P_{CM}。晶体管在允许的集电结结温下（硅管约为 150℃、锗管约为 70℃），集电极允许消耗的功率称为 集电极最大耗散功率 P_{CM}。一般小功率管 $P_{CM} < 1W$。因为 $P_C = i_C u_{CE}$，由此式可在输出特性曲线上画出晶体管的允许功率损耗线，如图 2-10 所示。实际使用时，应使 $P_C < P_{CM}$。

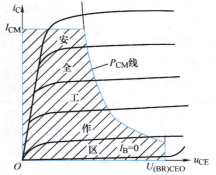

图 2-10　晶体管的安全工作区

3）极间反向击穿电压。当晶体管某一极开路时，另外两个电极之间所允许加的最高反向电压，即为极间反向击穿电压，超过此值晶体管会发生击穿现象。极间反向电压有 3 种：$U_{(BR)CBO}$、$U_{(BR)CEO}$ 和 $U_{(BR)EBO}$。3 个反向击穿电压的大小是 $U_{(BR)CBO} > U_{(BR)CEO} > U_{(BR)EBO}$。实际使用时，应使 $u_{CE} < U_{(BR)CEO}$。

晶体管的安全工作区：由 3 个极限参数 P_{CM}、I_{CM} 和 $U_{(BR)CEO}$ 可以画出晶体管的安全工作区，如图 2-10 所示。使用时应保证晶体管工作在安全区。

温度对晶体管特性及参数的影响如下：

1）温度对反向饱和电流的影响：温度每升高 10℃，I_{CBO} 约增大 1 倍；因为 $I_{CEO} = (1 + \beta)I_{CBO}$，故 I_{CEO} 增大更加明显，I_{CEO} 的增加表现为输出特性曲线族向上平移。

2）温度对发射结电压 u_{BE} 的影响：温度升高，输入特性曲线左移。温度每升高 1℃，U_{BE} 减小 2~2.5mV。

3）温度对 β 的影响：温度升高，晶体管输出特性曲线间隔增大，β 值增大。温度每升高 1℃，β 增加 0.5%~1%。

由于 β 值增大，且输入特性曲线左移，导致集电极电流 I_C 增大，输出特性曲线上移。

总之，温度升高，u_{BE} 减小，I_{CEO} 和 β 增大，晶体管的集电极电流增大，从而影响晶体管的工作状态。所以，一般电路中应采取限制因温度变化而影响晶体管性能变化的措施。

表 2-3 列出几种晶体管的主要参数，以供参考。

表 2-3 几种晶体管的主要参数

参数 型号	P_{CM}/mW	I_{CM}/mA	T_{jM}/℃	$U_{(BR)CBO}$/V	$U_{(BR)CEO}$/V	$U_{(BR)EBO}$/V	I_{CBO}/μA	I_{CEO}/μA	β	f_T/MHz	C_{ob}/pF	用途
3AX31B	125	125	75	30	18	10	≤12	≤600	40~180			用于低频放大电路
3BX31B	125	125	75	30	18	10	≤12	≤600	40~180			用于低频放大电路
3AG61	500	150		≥40	≥20	≥1.5	≤70	≤500	40~300	≥30	≤25	用于高频放大电路
3AK801C	50	20	85	≥30	≥51	≥3	≤30	≤50	30~150	≥200	≤16	用于开关电路
3AD50C	10000	3000	90	60	24	20	300	2500	20~140			用于低频功率放大电路
3DG80B	100	20	≥45	≥20	≥20	≥4	≤0.1		≥40	≥600	≤3	用于高频放大及振荡电路
9012	600	500			25			500	64~144	150		用于高低频放大电路
9013	400	500			25			500	64~144	150		

5. 晶体管识别与检测

（1）晶体管型号命名方法　国产晶体管的型号一般由五部分组成，如 3AX31A、3DG110B、3CG14G 等。各部分含义如下：

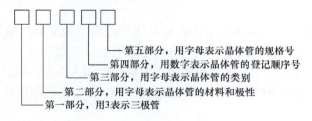

图 2-11　国产晶体管型号命名方法

例如：型号 3DG110B 表示 NPN 型高频小功率硅晶体管，半导体器件型号组成部分的符号及其意义详见表 1-3。

晶体管的替换原则如下：

1）尽量更换相同型号的晶体管。

2）无相同型号晶体管时，新换晶体管的极限参数应等于或大于原晶体管的极限参数。

3）性能好的晶体管可以代替性能差的晶体管，如 I_{CEO} 小的晶体管可代替 I_{CEO} 大的，电流放大系数 β 值高的可代替 β 值低的。

4）在集电极耗散功率允许的情况下，可用高频管代替低频管，如 3DG 型可代替 3DX 型。

5）开关晶体管可代替普通晶体管，如 3DK 型可代替 3DG 型，3AK 型可代替 3AG 型。

（2）晶体管管脚及管型判别　利用数字式万用表不仅能判别晶体管极性，还能判别硅管和锗管。具体步骤如下：

1）判别基极。将数字式万用表打到二极管档，用万用表两表笔接晶体管的任意两脚，若显示溢出符号，则表笔对调再测一次，如果仍然显示溢出符号，那么剩下的那只管脚必是基极 B。

2）判别管型。确定基极后，将数字式万用表打到二极管档，红表笔接基极，黑表笔分别测试其余两只管脚，如果两次测试值均小于 1V，则被测管为 NPN 型管，如果两次测试均显示溢出符号，则被测管为 PNP 型管。

3）判别集电极和发射极。对于 NPN 型管，将数字式万用表打到 h_{fe} 档，使用 NPN 插孔，把基极插入 b 孔，剩下两个管脚分别插入 c 和 e 孔，若测出 h_{fe} 为几十到几百，说明晶体管正常接法，放大能力强，此时插入 c 孔的是集电极 C，插入 e 孔的是发射极 E。若测出 h_{fe} 为几到几十，说明集电极和发射极插反了，此时插入 c 孔的是发射极 E，插入 e 孔的是集电极 C。为保证测试结果正确可靠，可将基极 B 固定在 b 孔不变，将集电极 C 和发射极 E 调换反复测几次，以数字式万用表显示值大（几十到几百）的一次为准，插入 c 孔的是集电极 C，插入 e 孔的是发射极 E。

4）判别材料。对于 NPN 型管，将数字式万用表打到二极管档，用红表笔接基极 B，黑表笔接另外任意一个管脚，如果显示电压为 0.7V 左右，表示是 NPN 型硅管，如果显示电压为 0.3V 左右，表示是 NPN 型锗管。对于 PNP 型管，将数字式万用表打到二极管档，用黑表笔接基极 B，红表笔接另外任意一个管脚，如果显示电压为 0.7V 左右，表示是 PNP 型硅管，如果显示电压为 0.3V 左右，表示是 PNP 型锗管。

5）质量判别。用数字式万用表分别测量两个 PN 结（发射结和集电结）的正、反向电阻，如果测得正向电阻都很小，反向电阻都很大，则晶体管正常，否则已损坏。

6. 特殊晶体管

（1）光电晶体管　光电晶体管又称光敏晶体管，除了和光电二极管一样能把输入的光信号转变为电信号，还能将光信号产生的电信号进行放大，其灵敏度比光电二极管高得多。为了对光有良好的响应，要求基区面积做得比发射区面积大得多，以扩大光照面积，提高光敏感性。光电晶体管也有 NPN 型和 PNP 型两种，3DU5C 型光电晶体管的外形和图形符号如图 2-12 所示。

（2）光电耦合器　光电耦合器是将发光器件（发光二极管）和受光器件（光电二极管或光电晶体管）封装在一起形成的二端口器件，其图形符号如图 2-13 所示。当在光电耦合器输入端加电信号时，发光二极管发光，光电晶体管受到光照后产生光电流，实现电信号→光信号→

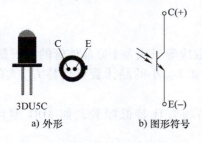

图 2-12　3DU5C 型光电晶体管的外形和图形符号

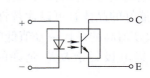

图 2-13　光电耦合器的图形符号

电信号的传输和转换。光电耦合器具有抗干扰性能好、响应快、寿命长等优点，主要用在高压开关、信号隔离器及信号匹配等电路中。

2.3.2 晶体管基本放大电路

1. 晶体管放大电路的基本组成及性能

（1）放大电路组成　放大电路组成框图如图2-14所示，放大过程实质上是实现能量转换的过程。电子电路中输入信号往往比较小，它所提供的能量不能直接推动负载工作，因此放大电路中必须有直流电源。利用晶体管的电流控制作用，可以把微弱的输入信号（电压或电流）不失真地放大到所需要的数值，实现将直流电源的能量转化为信号能量输出。

（2）性能指标　一个放大电路性能如何，可以用许多性能指标来衡量，放大电路的主要性能指标有放大倍数、输入电阻、输出电阻、通频带、最大输出功率与效率，根据图2-15所示的放大电路示意图说明如下。

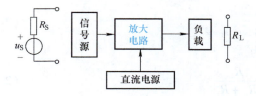

图2-14　放大电路组成框图　　　　图2-15　放大电路示意图

1）放大倍数。放大倍数是直接衡量放大电路放大能力的重要指标，定义为放大器的输出量与输入量的比值，即输出量 u_o（或 i_o、P_o）与输入量 u_i（或 i_i、P_i）之比。

电压放大倍数　　　　　　　　　$A_u = u_o / u_i$

电流放大倍数　　　　　　　　　$A_i = i_o / i_i$

功率放大倍数　　　　　　　　　$A_P = P_o / P_i$

工程上常用分贝（dB）来表示放大倍数，称为**增益**。

电压增益　　　　　　　　　　　$A_u(\text{dB}) = 20 \lg |A_u|$

电流增益　　　　　　　　　　　$A_i(\text{dB}) = 20 \lg |A_i|$

功率增益　　　　　　　　　　　$A_P(\text{dB}) = 10 \lg |A_P|$

2）输入电阻。放大电路输入电阻的等效电路如图2-16所示。对于信号源来说，整个放大电路（包括负载）就是它的等效负载，输入电阻是从放大电路输入端看进去的等效电阻，定义为输入电压与输入电流之比，即

$$R_i = \frac{u_i}{i_i} \tag{2-11}$$

如果信号源内阻为 R_S，则放大电路输入电压 u_i 是信号源电压 u_S 在输入电阻 R_i 上的分压，即

$$u_i = u_S \frac{R_i}{R_S + R_i} \tag{2-12}$$

所以，R_i 的大小反映了放大电路对信号源的影响程度。一般来说，希望放大电路的输入电阻高一些，特别是在信号源内阻 R_S 较大的场合。例如晶体管毫伏表、示波器等测量仪器

的第一级放大电路，要求具有较大的 R_i，以使 $u_i \approx u_S$；但在有些场合，却希望输入电阻小一些，如用放大电路构成的电流表。

3）输出电阻。放大电路输出电阻的等效电路如图 2-17 所示，对负载而言，放大电路（包括信号源）可等效为一个信号源，输出电阻是从放大电路输出端看进去的等效电阻，定义为输出电压与输出电流之比，即

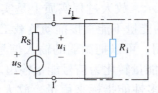

图 2-16　放大电路输入电
阻的等效电路

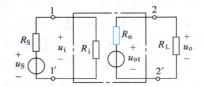

图 2-17　放大电路输出
电阻的等效电路

$$R_o = \frac{u_o}{i_o}\bigg|_{u_S=0,\ R_L=\infty} \tag{2-13}$$

由于 R_o 的存在，放大电路实际输出电压为

$$u_o = u_{ot}\frac{R_L}{R_o + R_L} \tag{2-14}$$

式中，u_{ot} 为负载开路时的输出电压；u_o 为带负载时的输出电压。所以，输出电阻是一个表示放大电路带负载能力的参数。R_o 越小，表明放大电路带负载能力越强。

4）通频带与频率失真。通频带用于衡量放大电路对不同频率信号的放大能力。由于放大电路中电容、电感及半导体器件结电容等电抗元器件的存在，在输入信号频率较低或较高时，放大倍数的数值会下降并产生相移。图 2-18 所示为放大电路的幅频特性和相频特性曲线。所谓幅频特性，就是指放大倍数的幅值随着信号频率变化而变化的特性；相频特性是指输出信号与输入信号的相位差随着信号频率的变化而变化的特性；把放大倍数下降到中频段数值的 $1/\sqrt{2}$（即 0.707 倍）时的频率范围称为放大电路的通频带，用 $BW = f_H - f_L$ 来表示。一般情况下，放大电路只适用于放大某一特定频率范围内的信号，放大电路所需的通频带由输入信号的频带来确定，为了不失真地放大信号，要求放大电路的通频带应大于输入信号的频带。

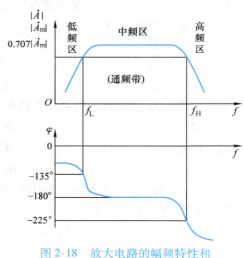

图 2-18　放大电路的幅频特性和
相频特性曲线

如果放大电路的通频带小于输入信号的频带，由于信号低频段或高频段的放大倍数下降过多，放大后的信号不能重现原来的波形，也就是输出信号产生了失真，这种失真称为放大电路的频率失真。

5）最大输出功率与效率。在输出信号不失真的情况下，负载上能够获得的最大功率称

为**最大输出功率**，用P_{oM}表示。在放大电路中，输入信号的功率通常很小但经过放大电路的控制和转换后，负载从直流电源获得的信号功率P_o一般较大。若直流电源提供的功率为P_V，放大电路的输出功率为P_o，则放大电路的**效率** η为

$$\eta = \frac{P_o}{P_V} \qquad (2\text{-}15)$$

2. 共发射极放大电路

（1）电路组成 共发射极放大电路如图2-19所示，电路中输入信号加在基极和发射极之间，输出信号从集电极对地取出，输入、输出回路的公共电极是发射极。C_1、C_2、C_E应足够大，使它们对交流信号相当于短路，电路中各元器件作用如下：

共发射极放大电路的结构与工作原理

1）晶体管VT：起放大作用。在输入信号作用下，通过晶体管将直流电源的能量转换为输出信号的能量。

2）集电极负载电阻R_C：将放大后的集电极电流转换为电压输出，一般为几千欧到几十千欧。

3）基极偏置电阻R_{B1}、R_{B2}：与V_{CC}一起提供合适的基极偏置电流I_B，使晶体管工作在放大区，R_{B1}、R_{B2}数值一般为几十千欧到几百千欧，V_{CC}是信号放大的能源，一般为几伏到几十伏。电路中由R_{B1}、R_{B2}两个电阻构成基极偏置电路，称为**分压式偏置**，或称**射极偏置**。

4）发射极电阻R_E：起到稳定静态工作点的作用，使电路工作更加稳定。

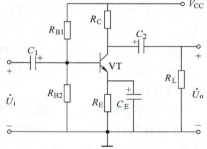

图2-19 共发射极放大电路

5）输入、输出耦合电容C_1、C_2：起"**隔直通交**"的作用，对直流信号来说，容抗为无穷大，相当于开路，使直流电源不至于加到信号源和负载上；对交流信号来说，容抗很小，近似为短路，使输入、输出信号顺畅地传输；容量应足够大，一般为几微法到几十微法的电解电容，正极电位应比负极电位高，在电路中不能接反。

6）发射极旁路电容C_E：对直流信号相当于开路，对交流信号相当于短路。

7）负载电阻R_L：表示放大电路所带的负载。

（2）工作原理 当输入信号为零时，直流电源通过各偏置电阻为晶体管提供直流基极偏置电流I_B和直流集电极电流I_C，并在晶体管的3个电极间形成一定的直流电压U_{BE}、U_{CE}。由于耦合电容的隔直作用，直流电压不能到达放大电路的输入端和输出端，即信号源和负载上。

当输入交流信号通过耦合电容加在晶体管的发射结上时，发射结上的电压变成交、直流叠加量。为了便于分辨放大电路中的交、直流情况，现以发射结电压为例将各信号的符号详细说明如下：

u_{BE}——发射结上的交、直流总电压，变量为小写字母，下标为大写字母；

U_{BE}——发射结上的直流电压，变量为大写字母，下标为大写字母；

u_{be}——发射结上的交流电压，变量为小写字母，下标为小写字母。所以有

$$u_{BE} = U_{BE} + u_{be}$$

基极电流、集电极电流和晶体管 C、E 极之间的电压也发生变化，即有

$$i_B = I_B + i_b$$
$$i_C = I_C + i_c$$
$$u_{CE} = U_{CE} + u_{ce}$$

晶体管各电极电流和极间电压波形如图 2-20 所示。

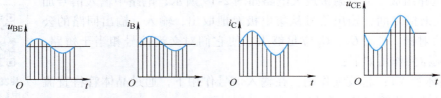

图 2-20　晶体管各电极电流和极间电压波形

由于晶体管的电流放大作用，i_C 要比 i_B 大几十倍，一般来说，只要电路参数设置合适，输出电压可以比输入电压高许多倍。u_{CE} 中的交流量经输出耦合电容到达负载电阻，形成输出电压，完成电路的放大作用。

可见，放大电路中晶体管集电极的直流信号不随输入信号而改变，交流信号随输入信号发生变化。在放大过程中，集电极交流信号是叠加在直流信号上的，经过耦合电容后，仅有交流信号输出。

（3）静态分析　放大电路的工作状态分为**直流状态**（也称为**静态**）和**交流状态**（也称为**动态**）。**静态**是指交流输入信号为零时的状态，可以用放大电路的直流通路来分析。所谓**直流通路**，是指直流电流流过的路径，由晶体管 VT、电阻 R_{B1}、R_{B2}、R_C、R_E 以及直流电源 V_{CC} 组成，电容相当于开路，如图 2-21a 所示。**交流通路**是指交流电流流通的路径，由晶体管 VT、电阻 R_{B1}、R_{B2}、R_C、R_L 以及信号源 u_i 组成，电容相当于短路，直流电源 V_{CC} 内阻小，对交流信号也作为短路处理，如图 2-21b、c 所示。

共发射极放大电路分析

放大电路的分析一般包括静态分析和动态分析两方面的内容，静态分析主要确定静态工作点，动态分析主要研究放大电路的性能指标。

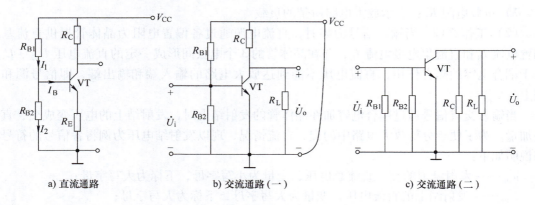

a) 直流通路　　　　　b) 交流通路（一）　　　　　c) 交流通路（二）

图 2-21　共发射极电路直流通路和交流通路

1)用估算法确定静态工作点。在图2-21a中,选用合适的R_{B1}、R_{B2}可使I_1(或I_2)$\gg I_B$,则有

$$U_B = \frac{R_{B2}}{R_{B1}+R_{B2}} V_{CC} \tag{2-16}$$

$$I_C \approx I_E = \frac{U_B - U_{BE}}{R_E} \approx \frac{U_B}{R_E} \tag{2-17}$$

$$I_B = I_C/\beta \tag{2-18}$$

$$U_{CE} = V_{CC} - I_C R_C - I_E R_E \approx V_{CC} - I_C(R_C + R_E) \tag{2-19}$$

U_{BE}、I_B在晶体管的输入特性曲线上确定一个点,U_{CE}和I_C在晶体管的输出特性曲线上确定一个点,如图2-22所示,习惯上称它们为<u>静态工作点</u>,用Q表示。

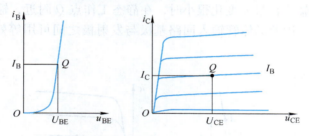

图2-22 静态工作点

【例2-1】 图2-19所示的共发射极放大电路中,晶体管为NPN型硅管,$\beta = 60$,$V_{CC} = 12V$,$R_{B1} = 15k\Omega$,$R_{B2} = 6.2k\Omega$,$R_C = 3.3k\Omega$,$R_E = 2k\Omega$,$R_L = 6.8k\Omega$,耦合电容C_1、C_2和旁路电容C_E足够大,求静态工作点。

【解】 根据式(2-16)求基极电位,即

$$U_B = \frac{R_{B2}}{R_{B1}+R_{B2}} V_{CC} = \frac{6.2k\Omega}{15k\Omega + 6.2k\Omega} \times 12V \approx 3.5V$$

则

$$I_C \approx I_E = \frac{U_B - U_{BE}}{R_E} = \frac{3.5V - 0.7V}{2k\Omega} = 1.4mA$$

$$I_B = I_C/\beta = 1.4mA/60 \approx 23.3\mu A$$

$$U_{CE} = V_{CC} - I_C R_C - I_E R_E \approx V_{CC} - I_C(R_C + R_E)$$
$$= 12V - 1.4mA \times (3.3k\Omega + 2k\Omega) = 4.58V$$

2)用图解分析法确定静态工作点。放大电路的图解法,就是在晶体管的输入、输出特性曲线上,用作图的方法来分析放大电路的静态工作情况或动态工作情况。静态工作状态的图解分析步骤如下:

第一步:<u>作直流负载线</u>。在图2-23所示的输出特性曲线上,由集电极输出回路列出直流负载方程式

$$U_{CE} = V_{CC} - I_C(R_C + R_E) \tag{2-20}$$

在输出特性曲线横轴和纵轴上确定两个点$(V_{CC}, 0)$和$(0, V_{CC}/(R_C + R_E))$,连接两点即可画

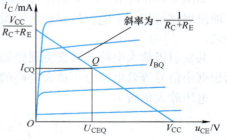

图2-23 静态工作点图解法

出直流负载线。

第二步：求静态工作点。用计算的方法求得 I_B，从而在输出特性曲线族上确定一条输出特性曲线，此曲线与直流负载线的交点即为静态工作点 Q，从 Q 点分别向横轴和纵轴作垂线，得到 U_{CE} 和 I_C 数值，从而得到静态工作点 $Q(I_{BQ}, I_{CQ}, U_{CEQ})$。

（4）动态分析　放大电路输入待放大信号时的工作状态称为动态。动态时电路中的电流和电压将在静态直流量的基础上叠加交流量。可以采用交、直流分开的分析方法，即人为地把交流量和直流量分开后单独分析，然后再把它们叠加起来。分析交流分量时，利用放大电路的交流通路。动态分析方法有小信号模型法和图解法两种。

1）用小信号模型法（微变等效电路法）分析动态工作情况。如图 2-24a 所示，根据晶体管输入特性曲线，当输入信号 u_i 变化很小时，在静态工作点 Q 附近，输入电压 u_{be} 和输入电流 i_b 近似为线性关系，因此晶体管输入回路基极与发射极之间可用等效电阻 r_{be} 代替，称为晶体管的输入电阻。

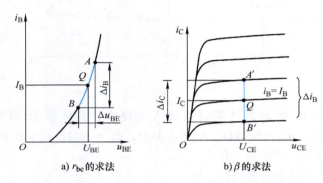

图 2-24　晶体管小信号模型参数的求法

$$r_{be} = \frac{\Delta u_{BE}}{\Delta i_B}\bigg|_{u_{CE}=常数} = \frac{u_{be}}{i_b}\bigg|_{u_{CE}=0} \tag{2-21}$$

对于低频小功率管，可用下式估算：

$$r_{be} = r_{bb'} + (1+\beta)\frac{26\text{mV}}{I_E} \tag{2-22}$$

$r_{bb'}$ 是基区体电阻，约在 100～500Ω 之间，未特别说明的，按 300Ω 计；I_E 单位为 mA。小信号低频下工作的晶体管 r_{be} 的值一般为几百欧到几千欧。

如图 2-24b 所示，根据晶体管的输出特性曲线，i_c 的大小只受 i_b 控制，与 u_{CE} 无关，晶体管输出回路可用一个电流控制的电流源 βi_b 来代替。所以，晶体管小信号等效电路如图 2-25 所示。

共发射极放大电路及其交流通路如图 2-26 所示，其小信号等效电路如图 2-27 所示，下面根据小信号等效电路分析放大电路的性能指标。

电压放大倍数为

$$\dot{A}_u = \frac{\dot{U}_o}{\dot{U}_i} = \frac{-\beta \dot{I}_b(R_C//R_L)}{\dot{I}_b r_{be}} = \frac{-\beta R_L'}{r_{be}} \tag{2-23}$$

式中，$R_L' = R_C // R_L$；负号表示输入、输出信号相位相反，因此共发射极放大电路又称反相

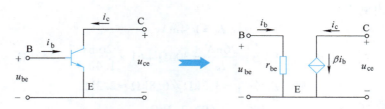

图 2-25 晶体管小信号等效电路

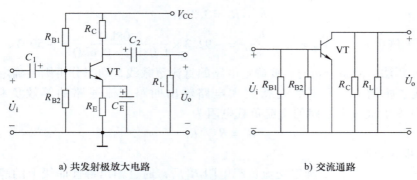

a) 共发射极放大电路　　　　　　　　b) 交流通路

图 2-26 共发射极放大电路及其交流通路

放大器。共发射极放大电路的电压放大倍数通常较大，一般为几十到几百倍。

输入电阻为

$$R_i = \frac{\dot{U}_i}{\dot{I}_i} = R_{B1} // R_{B2} // r_{be} \qquad (2\text{-}24)$$

共发射极放大电路的输入电阻较小，为几百欧到几千欧。

输出电阻为

$$R_o \approx R_C \qquad (2\text{-}25)$$

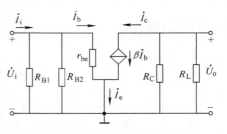

图 2-27 共发射极放大电路的小信号等效电路

对于放大电路的输出级来说，希望输出电阻 R_o 越小越好，从而提高带负载能力，如功率放大电路和直流稳压电源等的输出电阻较小，约为几欧；但若负载变化时，要求输出电流变化小，则希望输出电阻大一些，如稳流源等设备的输出电阻较大。共发射极放大电路的输出电阻为几千欧到几十千欧。

源电压放大倍数：当考虑信号源内阻时，电压放大倍数定义为输出电压与信号源电压之比，即

$$\dot{A}_{uS} = \frac{\dot{U}_o}{\dot{U}_S} = \frac{\dot{U}_o}{\dot{U}_i} \cdot \frac{\dot{U}_i}{\dot{U}_S} = \dot{A}_u \frac{\dot{U}_i}{\dot{U}_S} = \dot{A}_u \frac{R_i}{R_i + R_S} \qquad (2\text{-}26)$$

【**例 2-2**】 图 2-19 所示的共发射极放大电路中，晶体管为 NPN 型硅管，$\beta = 60$，$V_{CC} = 12V$，信号源电压 $U_S = 12\text{mV}$，信号源内阻 $R_S = 0.6\text{k}\Omega$，$R_{B1} = 15\text{k}\Omega$，$R_{B2} = 6.2\text{k}\Omega$，$R_C = 3.3\text{k}\Omega$，$R_E = 2\text{k}\Omega$，$R_L = 6.8\text{k}\Omega$，电容足够大。试用小信号模型法计算：电压放大倍数、输入电阻、输出电阻和源电压放大倍数。

【解】 已由例 2-1 求得

$$I_E = 1.4\text{mA}$$

所以

$$r_{be} = 300\Omega + (1+\beta)\frac{26\text{mV}}{I_E} = 300\Omega + 61 \times \frac{26\text{mV}}{1.4\text{mA}} = 1.43\text{k}\Omega$$

$$R'_L = R_C /\!/ R_L = 3.3\text{k}\Omega /\!/ 6.8\text{k}\Omega \approx 2.2\text{k}\Omega$$

则电压放大倍数为

$$\dot{A}_u = \frac{-\beta R'_L}{r_{be}} = \frac{-60 \times 2.2\text{k}\Omega}{1.43\text{k}\Omega} \approx -92.3$$

输入电阻为

$$R_i = R_{B1} /\!/ R_{B2} /\!/ r_{be} = 15\text{k}\Omega /\!/ 6.2\text{k}\Omega /\!/ 1.43\text{k}\Omega \approx 1.08\text{k}\Omega$$

输出电阻为

$$R_o \approx R_C = 3.3\text{k}\Omega$$

源电压放大倍数为

$$\dot{A}_{uS} = \dot{A}_u \frac{R_i}{R_i + R_S} = -92.3 \times \frac{1.08\text{k}\Omega}{1.08\text{k}\Omega + 0.6\text{k}\Omega} \approx -59.3$$

2）图解分析法。静态分析时，要确定电路的直流负载线，动态分析则要确定放大电路的交流负载线。所谓**交流负载**，是指放大电路输出回路交流通路的等效负载电阻值，图 2-26 所示共发射极放大电路的交流负载电阻为

$$R'_L = R_C /\!/ R_L$$

具体分析步骤如下：

第一步：**作交流负载线**。确定交流负载电阻 R'_L 后，通过输出特性曲线上的静态工作点 Q 作一直线，其斜率为 $-\dfrac{1}{R'_L}$，这条曲线即为交流负载线，交流负载线与直流负载线相交于 Q 点，如图 2-28 所示。

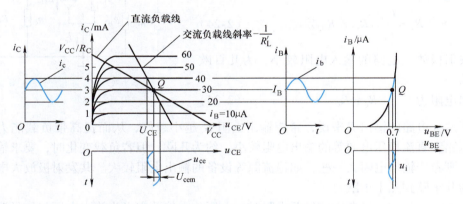

图 2-28 动态工作图解分析

第二步：**分析动态工作情况**。画出静态工作点 Q，先确定由输入信号 u_i 引起的基极电流 i_b 的变化范围，然后求出集电极电流 i_c 的变化，在输出特性曲线上确定输出电压 u_{ce} 的变化。

（5）失真分析　放大电路的输出信号要求与输入信号形状一致，如果输出波形与输入波形形状不一致，称为**波形失真**。产生失真的原因有很多，其中由于晶体管的输入、输出关系的非线性引起的失真称为**非线性失真**。

如图 2-29 所示，当静态工作点 Q 位置偏低，输入电压 u_i 的幅度又相对较大时，在 u_i 负

半周的部分时间内会出现 u_{BE} 小于发射结导通电压的情况，此时 $i_B = 0$，$i_C = 0$，晶体管工作在截止区，使 i_b 的负半周出现平顶，i_C 的负半周和 u_{CE} 的正半周也相应出现平顶，输出信号波形产生失真。这种由于晶体管进入截止区工作而引起的失真称为 截止失真。出现截止失真时，应该提高基极电位 U_B。

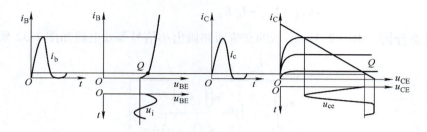

图 2-29　放大电路的截止失真

如图 2-30 所示，当静态工作点 Q 位置偏高，输入电压 u_i 的幅度又相对较大时，在 u_i 正半周的部分时间内，晶体管工作在饱和区，使 i_b 增加，i_C 却不增加，正半周出现平顶，u_{CE} 的负半周也相应出现平顶，输出信号波形产生失真。这种由于晶体管进入饱和区工作而引起的失真称为 饱和失真。出现饱和失真时，应该降低基极电位 U_B。

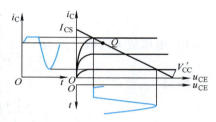

图 2-30　放大电路的饱和失真

如果静态工作点合适，但输入信号幅度过大，可能同时出现截止失真和饱和失真，称为 双向失真。

3. 共集电极放大电路

由图 2-31a 所示的共集电极放大电路可见，输入信号经耦合电容 C_1 进入晶体管基极，放大后经耦合电容 C_2 从发射极输出，故又称 射极输出器。从图 2-31c 所示交流通路可以看出，集电极是输入回路和输出回路的公共端，所以该电路是共集电极放大电路。

共集电极放大电路分析

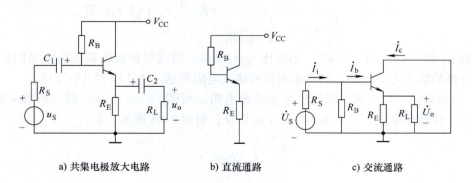

a) 共集电极放大电路　　　b) 直流通路　　　c) 交流通路

图 2-31　共集电极放大电路及其直流通路、交流通路

（1）静态分析　由图2-31b所示的直流通路可知
$$V_{CC} = I_B R_B + U_{BE} + I_E R_E = I_B R_B + U_{BE} + (1+\beta)I_B R_E$$

所以
$$\begin{cases} I_B = (V_{CC} - U_{BE})/[R_B + (1+\beta)R_E] \\ I_C = \beta I_B \\ U_{CE} = V_{CC} - I_C R_E \end{cases} \quad (2\text{-}27)$$

（2）动态分析　由图2-31c所示的交流通路画出小信号等效电路如图2-32所示。

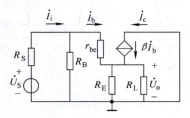

图2-32　共集电极放大电路小信号等效电路

1）电压放大倍数。因为
$$\dot{U}_o = (1+\beta)\dot{I}_b(R_E /\!/ R_L)$$

所以
$$\dot{A}_u = \frac{\dot{U}_o}{\dot{U}_i} = \frac{(1+\beta)\dot{I}_b(R_E /\!/ R_L)}{\dot{I}_b r_{be} + (1+\beta)\dot{I}_b(R_E /\!/ R_L)} = \frac{(1+\beta)R_L'}{r_{be} + (1+\beta)R_L'} \leq 1 \quad (2\text{-}28)$$

式中，$R_L' = R_E /\!/ R_L$。射极输出器的电压放大倍数小于1。若$(1+\beta)R_L' \gg r_{be}$，则$\dot{A}_u \approx 1$，输出电压$\dot{U}_o \approx \dot{U}_i$，$\dot{A}_u$为正数，说明输出电压与输入电压不仅大小相等，且相位相同，输出电压紧紧跟随输入电压的变化而变化，因此射极输出器又称为电压跟随器。

值得注意的是，射极输出器虽无电压放大作用，但射极电流是基极电流的$(1+\beta)$倍，输出功率也近似是输入功率的$(1+\beta)$倍，所以射极输出器具有一定的电流放大作用和功率放大作用。

2）输入电阻。由小信号等效电路和输入电阻的定义可知
$$R_i = \frac{\dot{U}_i}{\dot{I}_i} = \frac{\dot{U}_i}{\frac{\dot{U}_i}{R_B} + \frac{\dot{U}_i}{r_{be} + (1+\beta)R_L'}} = R_B /\!/ [r_{be} + (1+\beta)R_L'] \quad (2\text{-}29)$$

一般R_B和$[r_{be} + (1+\beta)R_L']$都要比r_{be}大得多，因此射极输出器的输入电阻比共发射极放大电路的输入电阻要高。射极输出器的输入电阻可达几十千欧到几百千欧。

3）输出电阻。可用加压求流法来求输出电阻。所谓加压求流法，即去掉独立电源（信号源$\dot{U}_S$），在输出端加上电压源$\dot{U}$，产生电流$\dot{I}$，如图2-33所示，有
$$R_o = \frac{\dot{U}}{\dot{I}}\Big|_{\dot{U}_S=0, R_L=\infty}$$

即
$$R_o = \frac{\dot{U}}{\dot{I}} = \frac{\dot{U}}{\frac{\dot{U}}{R_E} + \frac{\dot{U}}{(r_{be}+R_S')/(1+\beta)}} = R_E /\!/ \frac{(r_{be}+R_S')}{1+\beta} \quad (2\text{-}30)$$

式中，$R'_S = R_S // R_B$。由于信号源内阻和晶体管的输入电阻 r_{be} 都很小，而 β 值一般较大，所以，共集电极放大电路的输出电阻一般很小，仅几十欧。

【例 2-3】 如图 2-31 所示的共集电极放大电路中，晶体管为 NPN 型硅管，$\beta = 120$，$V_{CC} = 12V$，信号源内阻 $R_S = 1k\Omega$，$R_B = 300k\Omega$，$R_E = 1k\Omega$，$R_L = 1k\Omega$，电容足够大，求：

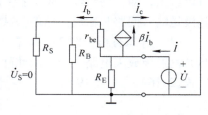

图 2-33 共集电极放大电路输出电阻求解电路

1）放大电路静态工作点。
2）电压放大倍数 A_u、输入电阻 R_i 和输出电阻 R_o。

【解】 1）根据式(2-26)得

$I_B = (V_{CC} - U_{BE})/[R_B + (1+\beta)R_E]$
$\quad = (12V - 0.7V)/[300k\Omega + (1+120) \times 1k\Omega] \approx 0.027 mA$

$I_E \approx I_C = \beta I_B = 120 \times 0.027 mA = 3.24 mA$

$U_{CE} = V_{CC} - I_C R_E = 12V - 3.24mA \times 1k\Omega = 8.76V$

所以，静态工作点为 $Q(0.027mA, 3.24mA, 8.76V)$。

2）等效负载电阻为

$$R'_L = R_E // R_L = 1k\Omega // 1k\Omega = 0.5k\Omega$$

晶体管输入电阻为

$$r_{be} = 300\Omega + (1+\beta)\frac{26mV}{I_E} = 300\Omega + 121 \times \frac{26mV}{3.24mA} \approx 1.27k\Omega$$

电压放大倍数为

$$\dot{A}_u = \frac{(1+\beta)R'_L}{r_{be} + (1+\beta)R'_L} = \frac{(1+120) \times 0.5k\Omega}{1.27k\Omega + (1+120) \times 0.5k\Omega} \approx 0.98$$

输入电阻为

$$R_i = R_B // [r_{be} + (1+\beta)R'_L] = 300k\Omega // [1.27k\Omega + (1+120) \times 0.5k\Omega] \approx 51.2k\Omega$$

输出电阻为

$$R'_S = R_S // R_B = 1k\Omega // 300k\Omega \approx 1k\Omega$$

$$R_o = R_E // \frac{(r_{be} + R'_S)}{1+\beta} = 1k\Omega // \frac{1.27k\Omega + 1k\Omega}{1+120} = 1k\Omega // 18.76\Omega \approx 18.76\Omega$$

（3）应用 共集电极放大电路具有输入电阻大、输出电阻小、电压放大倍数小于 1 而接近于 1、输出电压与输入电压同相等特点，这些特点使它在电子电路中获得广泛应用。

由于共集电极放大电路的输入电阻大，常被用于多级放大电路的输入级，这样可减轻信号源的负担，又可获得较大的信号电压，如在电子测量仪器中常用作输入级。

由于共集电极放大电路的输出电阻小，带负载能力强，因此常用于负载电阻较小和负载变动较大的放大电路的输出级，如在互补对称功率放大电路中就获得广泛应用。

利用共集电极放大电路输入电阻大、输出电阻小的特点，将其接在两级放大电路之间，起到阻抗变换作用，可作为放大电路的中间缓冲级。

4. 共基极放大电路

图 2-34a 所示为共基极放大电路的原理图，图 2-34c 所示为其交流通路，从交流通路中

可以看出，输入信号经耦合电容 C_1 进入晶体管发射极，放大后经耦合电容 C_2 从集电极输出，基极是输入回路和输出回路的公共端，所以该电路是共基极放大电路。

（1）静态分析　图 2-34b 是共基极放大电路的习惯画法，从图中可以看出其直流通路与共发射极放大电路一样，因此静态工作点的计算公式与射极偏置共发射极放大电路相同，见式（2-16）~式（2-19）。

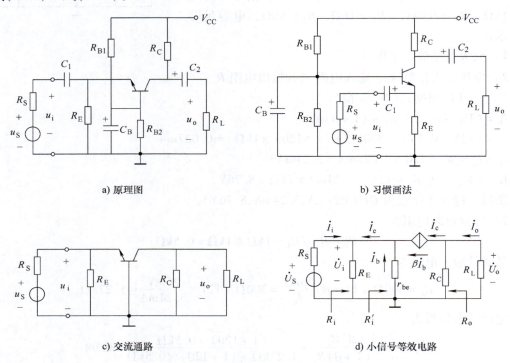

图 2-34　共基极放大电路

（2）动态分析　将图 2-34c 所示的共基极放大电路交流通路中的晶体管用小信号模型代替，即为其小信号等效电路，如图 2-34d 所示。

1）电压放大倍数。

$$\dot{U}_o = -\beta \dot{I}_b R'_L$$
$$U_i = -\dot{I}_b r_{be}$$

式中，$R'_L = R_C // R_L$，所以电压放大倍数为

$$\dot{A}_u \approx \frac{\dot{U}_o}{\dot{U}_i} = \frac{-\beta \dot{I}_b R'_L}{-\dot{I}_b r_{be}} = \frac{\beta R'_L}{r_{be}} \qquad (2-31)$$

共基极放大电路的输出电压与输入电压同相，是同相放大器，这一点与共发射极放大电路相反。

2）输入电阻。由小信号等效电路可知

$$R'_i = \frac{\dot{U}_i}{-\dot{I}_e} = \frac{-\dot{I}_b r_{be}}{-(1+\beta)\dot{I}_b} = \frac{r_{be}}{1+\beta}$$

$$R_i = R_E // \frac{r_{be}}{(1+\beta)} \qquad (2-32)$$

由于晶体管的输入电阻 r_{be} 很小，而 β 值一般较大，所以，共基极放大电路的输入电阻很小，一般为几欧到几十欧。

3）输出电阻。令 $\dot{U}_S = 0$，则有 $\dot{I}_b = 0$，$\beta \dot{I}_b = 0$，受控电流源开路，所以输出电阻为

$$R_o = R_C \tag{2-33}$$

共基极放大电路信号由发射极输入，由集电极输出，所以输入电流为 $\dot{I}_e$，输出电流为 $\dot{I}_c$，电流放大倍数为

$$\alpha = \frac{\dot{I}_c}{\dot{I}_e} = \frac{\beta \dot{I}_b}{(1+\beta)\dot{I}_b} \approx 1 \tag{2-34}$$

可见，电流放大倍数小于 1 但接近于 1，所以共基极放大电路称为电流跟随器。

（3）应用　共基极放大电路没有电流放大作用，但电压放大倍数较大，仍具有功率放大作用；输入、输出电压同相；输入电阻小，输出电阻大。共基极放大电路允许的工作频率较高，高频特性较好，常用于高频和恒流源电路中。

2.3.3　场效应晶体管放大电路

晶体管是利用输入电流控制输出电流的半导体器件，称为电流型控制器件，场效应晶体管是利用电场效应来控制输出电流的半导体器件，称为电压型控制器件。场效应晶体管不仅具有体积小、重量轻、耗电省、寿命长等优点，还具有输入电阻高、噪声低、功耗小、热稳定性好、抗辐射能力强、制造工艺简单、易集成等特点，因此广泛应用于各种电子电路中。

场效应晶体管按结构划分，有结型场效应晶体管（JFET）和绝缘栅型场效应晶体管（IGFET）两种；按参与导电的载流子划分，有电子作为载流子的 N 型沟道场效应晶体管和空穴作为载流子的 P 型沟道场效应晶体管。

1. 场效应晶体管

（1）结型场效应晶体管　结型场效应晶体管包括 N 型沟道和 P 型沟道两种类型，下面以 N 型沟道结型场效应晶体管为例，介绍其内部结构和工作原理。如图 2-35a 所示，N 型沟道结型场效应晶体管是在 N 型半导体硅片的两侧各掺杂出两个 P 区，制造两个 PN 结，两个 PN 结中间夹着一个 N 型沟道，将两边的 P 区连在一起，引出一个电极称为栅极 G。在 N 型半导体两端各引出一个电极，分别称为源极 S 和漏极 D。两个 PN 结中间的 N 型区域是电流流过的通道，称为导电沟道。图 2-35b 所示为 P 型沟道结型场效应晶体管。结型场效应晶体管的图形符号如图 2-35c、d 所示。

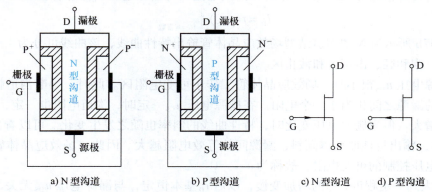

a) N 型沟道　　b) P 型沟道　　c) N 型沟道　　d) P 型沟道

图 2-35　结型场效应晶体管结构与图形符号

N型沟道结型场效应晶体管工作在放大状态时，在漏极 D 和源极 S 之间必须加正向电压，即 $u_{DS}>0$，在栅极 G 和源极 S 之间必须加反向电压，即 $u_{GS}<0$，如图 2-36 所示。当栅源电压 $u_{GS}<0$ 时，耗尽层加宽，沟道变窄，电阻增大，在漏源电压 u_{DS} 作用下产生漏极电流 i_D。栅源反偏电压 u_{GS} 改变时，沟道电阻也随之改变，从而引起漏极电流 i_D 变化，即通过 u_{GS} 实现对漏极电流 i_D 的控制作用。

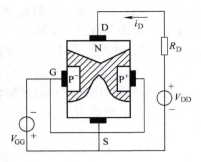

场效应晶体管的特性曲线分为转移特性曲线和输出特性曲线。在 u_{DS} 一定时，漏极电流 i_D 与栅源电压 u_{GS} 之间的关系称为 **转移特性**，即

$$i_D = f(u_{GS}) \Big|_{U_{DS}=常数} \tag{2-35}$$

图 2-36 N 型沟道结型场效应晶体管的工作原理及夹断示意图

图 2-37a 所示为 N 型沟道结型场效应晶体管转移特性曲线。当 $u_{GS}=0$ 时，i_D 最大，称为 **饱和漏极电流**，用 I_{DSS} 表示。当 $|u_{GS}|$ 增大时，沟道电阻增大，漏极电流 i_D 减小，当 $u_{GS}=U_{GS(off)}$ 时，沟道被夹断，此时 $i_D=0$。$U_{GS(off)}$ 称为 **夹断电压**。

在 $U_{GS(off)} \leq u_{GS} \leq 0$ 的范围内，漏极电流 i_D 与栅源电压 u_{GS} 的关系为

$$i_D = I_{DSS}\left(1 - \frac{u_{GS}}{U_{GS(off)}}\right)^2 \tag{2-36}$$

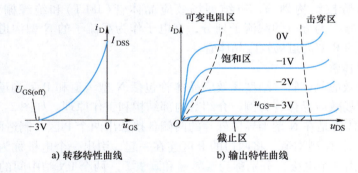

a) 转移特性曲线　　　　　b) 输出特性曲线

图 2-37 N 型沟道结型场效应晶体管的特性曲线

输出特性 是指栅源电压 u_{GS} 一定时，漏极电流 i_D 与漏源电压 u_{DS} 之间的关系，即

$$i_D = f(u_{DS}) \Big|_{U_{GS}=常数} \tag{2-37}$$

图 2-37b 所示为 N 型沟道结型场效应晶体管输出特性曲线，该曲线可分为 **4 个区域**：可变电阻区、饱和区、击穿区和截止区。

当漏源电压 u_{DS} 很小时，场效应晶体管工作于可变电阻区。此时，导电沟道畅通，场效应晶体管的漏源之间相当于一个电阻。在栅源电压 u_{GS} 一定时，沟道电阻也一定，i_D 随 u_{DS} 增大而线性增大。但当栅源电压变化时，特性曲线的斜率也随之发生变化。可以看出，栅源电压 u_{GS} 越负，输出特性曲线越倾斜，漏源间的等效电阻越大。因此，场效应晶体管可看作一个受栅源电压控制的可变电阻，故称为 **可变电阻区**。

u_{DS} 增大到一定程度，i_D 的增加变慢，以后 i_D 基本恒定，与漏源电压 u_{DS} 无关，这个区域称为 **饱和区**，也称为 **恒流区**、**放大区**。在饱和区，i_D 主要由栅源电压 u_{GS} 决定。

继续增大 u_{DS} 到一定值后，漏、源极之间会发生击穿，漏极电流 i_D 急剧上升，此时场效应晶体管工作在击穿区，若不加限制，会损坏场效应晶体管。

当 u_{GS} 负值增加到夹断电压 $U_{GS(off)}$ 后，$i_D \approx 0$，场效应晶体管截止。

（2）绝缘栅场效应晶体管　结型场效应晶体管的输入电阻可达 $10^6 \sim 10^9 \Omega$，但由于该电阻是 PN 结的反向电阻，PN 结反偏时存在反向电流，且受温度影响，限制了输入电阻进一步提高。绝缘栅场效应晶体管的栅极和沟道是绝缘的，因此，它的输入电阻可高达 $10^9 \Omega$ 以上。

绝缘栅场效应晶体管（IGFET）是由金属、氧化物、半导体组成的，所以又称<u>金属-氧化物-半导体场效应晶体管</u>（MOSFET），简称 <u>MOS 管</u>。MOS 管按其导电沟道分为 N 型沟道管和 P 型沟道管，即 NMOS 管和 PMOS 管，每一种又分为增强型和耗尽型两类。下面以 NMOS 管为例说明其结构和工作原理。

图 2-38a 所示为 N 型沟道增强型 MOS 场效应晶体管的结构图。在一块 P 型硅半导体衬底上，用扩散的方法形成两个高掺杂浓度的 N 型区，并用金属导线引出两个电极作为场效应晶

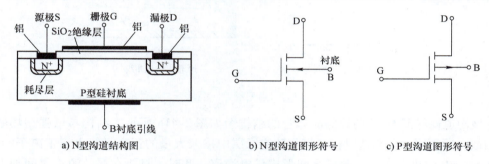

图 2-38　增强型 MOS 场效应晶体管的结构及图形符号

体管的漏极和源极；在 P 型衬底表面生长一层很薄的绝缘层（SiO_2），再覆盖一层金属薄层引出一个电极作为场效应晶体管的栅极。由于栅极与源极和漏极之间都是绝缘的，因而称之为<u>绝缘栅型场效应晶体管</u>。N 型沟道增强型 MOS 场效应晶体管的图形符号如图 2-38b 所示，P 型沟道增强型 MOS 场效应晶体管图形符号中箭头朝外，如图 2-38c 所示。

如图 2-39 所示电路，在栅、源间加正向电压 V_{GG}，漏源间加正向电压 V_{DD}。当栅源电压 $u_{GS}=0$ 时，漏极与源极之间形成两个反向连接的 PN 结，其中一个 PN 结是反偏的，故漏极电流为零。当 $u_{GS}>0$ 时，在 u_{GS} 作用下，会产生一个垂直于 P 型衬底的电场，这个电场将 P 区中的自由电子吸

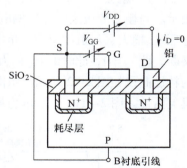

图 2-39　N 型沟道增强型 MOS 场效应管工作原理

引到衬底表面，同时排斥衬底表面的空穴。u_{GS} 越大，吸引到 P 型衬底表面的自由电子越多。当 u_{GS} 达到一定值时，这些电子在栅极附近的 P 型半导体表面形成的 N 型薄层称为<u>反型层</u>，这个反型层构成了漏极和源极之间的 N 型导电沟道。若在漏、源之间加上电压 u_{DS}，就会产生漏极电流 i_D。将形成导电沟道时所需的最小栅、源电压称为<u>开启电压</u>，用 $U_{GS(th)}$ 表示。改变栅、源电压就可以改变沟道的宽度，也就可以有效控制漏极电流 i_D。

由于这种场效应晶体管没有原始导电沟道，只有当 $u_{GS} \geq U_{GS(th)}$ 时才形成导电沟道，因而称为 增强型场效应晶体管。

N 型沟道增强型场效应晶体管的转移特性曲线如图 2-40a 所示，在 $u_{GS} \geq U_{GS(th)}$ 时，i_D 与 u_{GS} 的关系为

$$i_D = I_{D0}\left(\frac{u_{GS}}{U_{GS(th)}} - 1\right)^2 \tag{2-38}$$

式中，I_{D0} 是当 $u_{GS} = 2\,U_{GS(th)}$ 时的 i_D 值。

N 型沟道增强型场效应晶体管的输出特性曲线如图 2-40b 所示，特性曲线有 4 个区：可变电阻区、饱和区、击穿区和截止区。含义与结型场效应晶体管输出特性曲线相同。

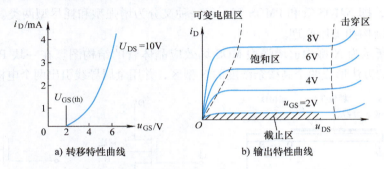

图 2-40 N 型沟道增强型场效应晶体管的特性曲线

N 型沟道耗尽型 MOS 场效应晶体管的结构图如图 2-41a 所示，结构与增强型场效应晶体管相似，所不同的是制造时在二氧化硅绝缘层中掺入大量的正离子。由于正离子的作用，即使在 $u_{GS}=0$ 时也会在漏、源极之间形成导电沟道，此时，只要在漏、源极之间加上正向电压 u_{DS}，就会产生漏极电流 i_D。通常将 $u_{GS}=0$ 时的漏极电流 i_D 称为 饱和漏极电流，用 I_{DSS} 表示。当栅、源极之间加反偏电压 u_{GS} 时，沟道中感应的负电荷减少，从而使 i_D 减小，反偏电压 u_{GS} 增大，沟道中感应的负电荷进一步减少。当反偏电压 u_{GS} 增大到某一数值时，沟道被夹断，使 $i_D=0$，此时的 u_{GS} 称为 夹断电压，用 $U_{GS(off)}$ 表示。N 型沟道耗尽型场效应晶体管的特性曲线如图 2-42 所示。由图可知，不论 u_{GS} 是正是负或零，都可以控制 i_D，因此使用更具灵活性。图 2-41b、c 所示为耗尽型 MOS 场效应晶体管的图形符号。

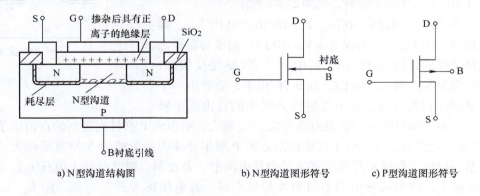

图 2-41 耗尽型 MOS 场效应晶体管的结构及图形符号

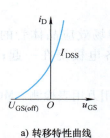
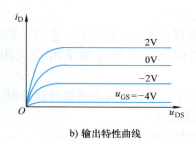

a) 转移特性曲线　　　　　　　b) 输出特性曲线

图 2-42　N 型沟道耗尽型场效应晶体管的特性曲线

在 $u_{GS} \geq U_{GS(off)}$ 时，i_D 与 u_{GS} 的关系为

$$i_D = I_{DSS}\left(1 - \frac{u_{GS}}{U_{GS(off)}}\right)^2 \tag{2-39}$$

（3）场效应晶体管的主要参数及使用注意事项

1）主要参数。

① 开启电压 $U_{GS(th)}$ 和夹断电压 $U_{GS(off)}$。开启电压是增强型 MOS 管的参数。当漏源电压 u_{DS} 为某一定值（如 10V），场效应晶体管开始导通（i_D 达到某一定值，如 10μA）时，所需的栅源电压 u_{GS} 的值称为<u>开启电压</u> $U_{GS(th)}$。

夹断电压是耗尽型 MOS 管的参数。当漏源电压 u_{DS} 为某一定值（如 10V），使 $i_D = 0$（或按规定等于一个微小电流，如 10μA）时，所需的栅源电压即为夹断电压 $U_{GS(off)}$。

② 饱和漏极电流 I_{DSS}。I_{DSS} 是耗尽型 MOS 管的参数。当 u_{DS} 为某一定值，栅源电压为零时的漏极电流称为**饱和漏极电流 I_{DSS}**。

③ 直流输入电阻 R_{GS}。在漏、源极之间短路的条件下，栅、源极之间所加直流电压与栅极直流电流之比即直流输入电阻 R_{GS}。MOS 管的 $R_{GS} > 10^9 \Omega$。

④ 低频跨导 g_m。当 u_{DS} 为某一定值时，漏极电流变化量与引起它变化的栅源电压变化量之比，称为<u>跨导</u>或<u>互导</u>，即

$$g_m = \left.\frac{di_D}{du_{GS}}\right|_{u_{DS}=常数} \tag{2-40}$$

g_m 是转移特性曲线上工作点处斜率的大小，反映了栅源电压 u_{GS} 对漏极电流 i_D 的控制能力，是表征放大能力的一个重要参数，单位为 S（西门子），常用的单位还有毫西（mS）。g_m 的大小一般为零点几到几十毫西。

⑤ 最大漏极电流 I_{DM}。场效应晶体管正常工作时允许的最大漏极电流。

⑥ 最大耗散功耗 P_{DM}。是场效应晶体管允许的最大耗散功率，受场效应晶体管最高工作温度的限制。使用时，$P_D = u_{DS} i_D$ 不允许超过 P_{DM}，否则会烧坏场效应晶体管。

⑦ 漏源击穿电压 $U_{(BR)DS}$。u_{DS} 增加使 i_D 开始急剧上升时的 u_{DS} 值称为<u>漏源击穿电压</u> $U_{(BR)DS}$。使用时，u_{DS} 不允许超过此值，否则场效应晶体管会烧坏。

⑧ 栅源击穿电压 $U_{(BR)GS}$。使二氧化硅绝缘层击穿时的栅源电压称为<u>栅源击穿电压</u> $U_{(BR)GS}$，若绝缘层击穿，会造成短路，使场效应晶体管损坏。

2）使用注意事项。

① MOS 管衬底与源极通常接在一起。若需分开，衬源间电压需反偏（NMOS 管的 $u_{BS} <$

0,PMOS 管的 $u_{BS}>0$)。

② 应避免栅极悬空及减少外界感应,贮存时应将场效应晶体管的 3 个电极短路;把场效应晶体管焊到电路板或取下时应先用导线将各电极绕在一起;最好利用余热焊接。

③ 结型场效应晶体管可在栅源极开路情况下贮存和用万用表检测。MOS 管不能用万用表检测,而必须用测试仪。

2. 场效应晶体管放大电路

与晶体管构成的放大电路类似,场效应晶体管放大电路也有 3 种基本组态,即共源极、共漏极和共栅极放大电路,下面以共源极放大电路为例说明场效应晶体管放大电路的分析。

(1) 偏置电路及静态分析　和晶体管放大电路一样,场效应晶体管放大电路也应由偏置电路建立一个合适而稳定的静态工作点。场效应晶体管是电压型控制器件,需要在栅源极之间加上合适的偏压。

图 2-43 所示是耗尽型 NMOS 管构成的共源极放大电路的自偏压电路。静态时,因栅极不取电流,所以栅极电位 $V_G=0$,源极电位 $V_S=I_D R_S$,自偏压电路的栅偏压

$$U_{GS}=V_G-V_S=-I_D R_S \tag{2-41}$$

因为这种栅偏压是依靠自身电流 I_D 产生的,故称为<u>自偏压电路</u>,适用于由耗尽型场效应晶体管构成的放大电路,不能用于增强型 MOS 管构成的放大电路。

对于耗尽型场效应晶体管,$i_D=I_{DSS}\left(1-\dfrac{u_{GS}}{U_{GS(off)}}\right)^2$,与上式联立,可以求得 U_{GS} 和 I_D。又因

$$U_{DS}=V_{DD}-I_D(R_D+R_S) \tag{2-42}$$

可求得静态工作点 $Q(U_{GS}、I_D、U_{DS})$。

上述自偏压电路具有电路简单和一定的稳定静态工作点的特点,但 R_S 不能取得过大,否则静态工作点将下降,影响动态工作范围,使放大倍数减小;而且该电路不能用于增强型 MOS 管构成的放大电路。图 2-44 所示是分压式自偏压电路。该电路能够稳定静态工作点,适用于各种类型场效应晶体管构成的放大电路。静态时,源极电位 $V_S=I_D R_S$,由于栅极电流为零,R_{G3} 上没有电压降,栅偏压为

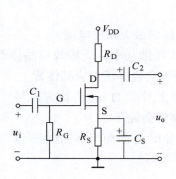

图 2-43　自偏压电路

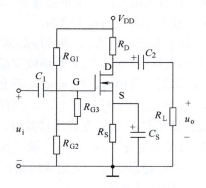

图 2-44　分压式自偏压电路

$$U_{GS} = V_G - V_S = V_{DD}\frac{R_{G2}}{R_{G1}+R_{G2}} - I_D R_S \tag{2-43}$$

可见，适当选取 R_{G1}、R_{G2}、R_S 的值，可获得各类场效应晶体管放大工作时所需的正、负或零偏压。式（2-43）与式（2-38）或式（2-39）联立，求得 U_{GS} 和 I_D。再据式（2-42）求得 U_{DS}，即可求得静态工作点 $Q(U_{GS}、I_D、U_{DS})$。

（2）动态分析　和晶体管一样，场效应晶体管也是非线性器件，但当工作在信号幅度足够小且工作在放大区时，也可用线性电路即小信号模型来代替。从输入回路来看，因为场效应晶体管输入电阻很高，可看作开路，从输出回路来看，$i_d = g_m u_{gs}$，可等效为电流源，所以在小信号情况下的场效应晶体管小信号等效电路如图 2-45 所示。

图 2-44 所示的分压式偏置场效应晶体管放大电路是以栅极 G 为信号输入端，以漏极 D 为信号输出端，源极 S 是输入、输出信号的公共端，所以是共源极放大电路，其小信号等效电路模型如图 2-46 所示，下面来求放大电路的性能指标。

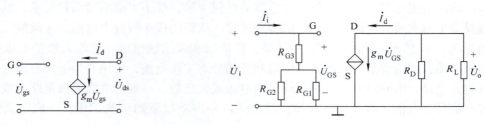

图 2-45　场效应晶体管小信号等效电路

图 2-46　共源极放大电路小信号等效电路

1）电压放大倍数

$$\dot{A}_u = \frac{\dot{U}_o}{\dot{U}_i} = \frac{-g_m \dot{U}_{GS}(R_D /\!/ R_L)}{\dot{U}_{GS}} = -g_m R'_L \tag{2-44}$$

式中，$R'_L = R_D /\!/ R_L$，负号表示输出电压与输入电压反相。

2）输入电阻。由图 2-46 可知

$$R_i = R_{G3} + R_{G1} /\!/ R_{G2} \tag{2-45}$$

为了减小 R_{G1}、R_{G2} 的分流作用，选择 $R_{G3} \gg R_{G1} /\!/ R_{G2}$，所以有

$$R_i \approx R_{G3} \tag{2-46}$$

3）输出电阻。根据输出电阻的定义，有

$$R_o \approx R_D \tag{2-47}$$

【例 2-4】　如图 2-44 所示的共源极放大电路中，已知 $R_{G3}=10\text{M}\Omega$，$R_{G1}=300\text{k}\Omega$，$R_{G2}=150\text{k}\Omega$，$R_D=3\text{k}\Omega$，$R_S=3\text{k}\Omega$，$R_L=20\text{k}\Omega$，$g_m=1.82\text{mS}$，$C_1=C_2=10\mu\text{F}$，$C_S=100\mu\text{F}$。求电压放大倍数、输入电阻及输出电阻。

【解】　小信号等效电路如图 2-46 所示。

$$R'_L \approx R_D /\!/ R_L = \frac{3 \times 20}{3+20}\text{k}\Omega \approx 2.61\text{k}\Omega$$

电压放大倍数为

$$\dot{A}_u = -g_m R'_L = -1.82\text{mS} \times 2.61\text{k}\Omega \approx -4.75$$

输入电阻为

$$R_i = R_{G3} + R_{G1} // R_{G2} = 10\text{M}\Omega + \frac{300 \times 150}{300 + 150}\text{k}\Omega = 10.1\text{M}\Omega \approx R_{G3} = 10\text{M}\Omega$$

输出电阻为

$$R_o \approx R_D = 3\text{k}\Omega$$

由以上分析可知，共源极场效应晶体管放大电路的电压放大倍数比晶体管共发射极放大电路的电压放大倍数小，一般仅几倍；输入电阻较高；输出电阻主要由漏极电阻 R_D 决定，这一点与晶体管共发射极放大电路相似。

2.3.4 多级放大电路

1. 多级放大电路组成及耦合方式

在实际电子系统中，需要将微弱的毫伏级甚至微伏级信号放大成足够大的输出电压或电流去驱动负载工作，而且对放大电路的性能有多方面的要求，如输入电阻大、电压放大倍数高、输出电阻小等，依靠单管放大电路的任何一种，都不可能同时满足要求。这时，就可以选择多个基本放大电路，并将它们合理连接，从而构成多级放大电路。多级放大电路组成框图如图 2-47 所示，由输入级、中间级、推动级和输出级组成。对输入级的要求往往与输入信号有关，一般要求有高的输入电阻和低的静态工作电流，常用共集电极电路或场效应晶体管放大电路；中间级要求提供足够大的电压放大倍数，一般由共发射极电路组成；推动级实现小信号到大信号的缓冲与转换；输出级以一定功率驱动负载工作，一般由共集电极电路担任。

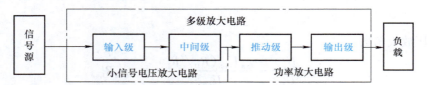

图 2-47 多级放大电路组成框图

组成多级放大电路的每一个基本放大电路称为<u>一级</u>，级与级之间的连接称为<u>级间耦合</u>。常用的耦合方式有 4 种：直接耦合、阻容耦合、变压器耦合和光电耦合，如图 2-48 所示。

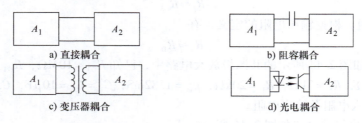

图 2-48 4 种常用耦合方式

1）直接耦合。耦合电路采用直接连接或电阻连接，不采用电抗性元件。直接耦合放大电路存在温度漂移问题，但因其低频特性好，能够放大变化缓慢的信号且便于集成，而得到越来越广泛的应用。但直接耦合电路各级静态工作点之间会相互影响，应注意静态工作点的稳定问题。

2）阻容耦合。将放大电路前一级的输出端通过电容接到后一级的输入端。阻容耦合放大电路利用耦合电容隔离直流，较好地解决了温漂问题，但其低频特性差，不便于集成，因此仅在分立元器件电路中采用。

3）变压器耦合。将放大电路前一级的输出端通过变压器接到后一级的输入端或负载电阻上。采用变压器耦合也可以隔除直流，传递一定频率的交流信号，各放大级的静态工作点互相独立。变压器耦合的优点是可以实现输出级与负载的阻抗匹配，以获得有效的功率传输，常用作调谐放大电路或输出功率很大的功率放大电路。

4）光电耦合。以光信号为媒介来实现电信号的耦合与传递。光耦合放大电路利用光电耦合器将信号源与输出回路隔离，两部分可采用独立电源且分别接不同的"地"，因而，即使是远距离传输，也可以避免各种电干扰。

2. 多级放大电路分析

（1）多级放大电路的静态分析

1）直接耦合放大电路的静态分析。直接耦合放大电路各级之间通过直流通路相连，静态工作点相互影响，求静态工作点时，应写出直流通路中各个回路的方程，然后求解。

2）阻容耦合多级放大电路的静态分析。阻容耦合多级放大电路中，由于级间耦合电容的隔直作用，所以，每一级静态工作点都可以按单管放大电路求解。

（2）多级放大电路的动态分析　如图 2-49 所示，前一级的输出是后一级的输入，后一级的输入电阻是前一级的交流负载，多级放大电路的放大倍数为 $\dot{A}_u$，每一级的电压放大倍数分别为 $\dot{A}_{u1}$、$\dot{A}_{u2}$、…、$\dot{A}_{un}$，则多级放大电路的总电压放大倍数等于组成它的各级放大电路电压放大倍数的乘积，即

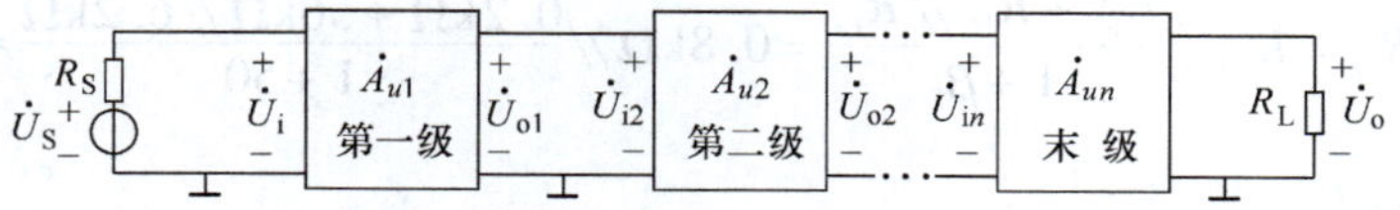

图 2-49　阻容耦合多级放大电路交流信号通路示意图

$$\dot{A}_u = \frac{\dot{U}_o}{\dot{U}_i} = \frac{\dot{U}_{o1}}{\dot{U}_i} \cdot \frac{\dot{U}_{o2}}{\dot{U}_{i2}} \cdot \frac{\dot{U}_{o3}}{\dot{U}_{i3}} \cdots \frac{\dot{U}_o}{\dot{U}_{in}} = \dot{A}_{u1} \dot{A}_{u2} \cdots \dot{A}_{un} \quad (2\text{-}48)$$

放大倍数的分贝表示法为

$$20 \lg |\dot{A}_u| = 20 \lg |\dot{A}_{u1}| + 20 \lg |\dot{A}_{u2}| + \cdots + 20 \lg |\dot{A}_{un}| \quad (2\text{-}49)$$

多级放大电路的输入电阻是第一级的输入电阻，即

$$R_i = R_{i1} \quad (2\text{-}50)$$

多级放大电路的输出电阻是末级的输出电阻，即

$$R_o = R_{on} \quad (2\text{-}51)$$

【例 2-5】　图 2-50a 所示为阻容耦合多级放大电路原理图，已知 $\beta_1 = \beta_2 = 50$，$r_{be1} = 1\text{k}\Omega$，$r_{be2} = 0.2\text{k}\Omega$，求：（1）两级放大器的电压放大倍数 A_u；（2）两级放大器的输入电阻 R_i 和输出电阻 R_o。

【解】　第一级为共发射极放大电路，第二级为共集电极放大电路，根据小信号等效电路的画法，画出两级放大器的小信号等效电路如图 2-50b 所示。

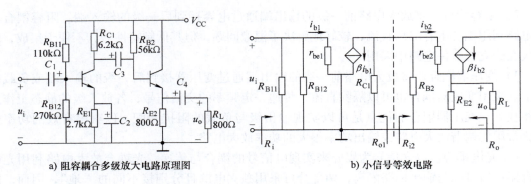

a) 阻容耦合多级放大电路原理图　　　　b) 小信号等效电路

图 2-50　例 2-5 图

$$R_{i2} = R_{B2} // [r_{be2} + (1+\beta_2)R_{E2} // R_L] = 56\text{k}\Omega // [0.2\text{k}\Omega + (1+50) \times 0.8\text{k}\Omega // 0.8\text{k}\Omega] \approx 15\text{k}\Omega$$

第一级电压放大倍数为

$$A_{u1} = -\beta_1 \frac{R_{C1} // R_{i2}}{r_{be1}} = -50 \times \frac{6.2\text{k}\Omega // 15\text{k}\Omega}{1\text{k}\Omega} \approx -219$$

第二级电压放大倍数为

$$A_{u2} \approx 1$$

两级放大器的电压放大倍数为

$$A_u = A_{u1} A_{u2} = -219 \times 1 = -219$$

输入电阻为

$$R_i = R_{i1} = R_{B11} // R_{B12} // r_{be1} = 110\text{k}\Omega // 270\text{k}\Omega // 1\text{k}\Omega \approx 1\text{k}\Omega$$

输出电阻为

$$R_o = R_{o2} = R_{E2} // \frac{r_{be2} + R_{B2} // R_{C1}}{1+\beta_2} = 0.8\text{k}\Omega // \frac{0.2\text{k}\Omega + 56\text{k}\Omega // 6.2\text{k}\Omega}{1+50} \approx 99\Omega$$

2.3.5　负反馈放大电路

前面所介绍的各种基本放大电路，虽然都有放大功能，但其性能指标往往不能满足实际需要，如稳定性较低、通频带较窄。为了改善放大电路的性能，通常在放大电路中引入各种形式的负反馈。

1. 负反馈放大电路的基本组成

将放大电路输出量（电压或电流）的一部分或全部通过反馈网络，以一定的方式回送到输入回路，并影响输入量（电压或电流）和输出量的过程称为反馈。判断有没有反馈，要看放大电路的输出回路和输入回路之间是否存在起联系作用的元器件，即是否存在反馈网络。

反馈广泛应用于电子电路中，负反馈可以改善放大电路的性能，正反馈用于各种振荡电路中，可以产生各种正弦波和非正弦波。

负反馈放大电路组成框图如图 2-51 所示，其中 ⊗ 表示输入信号 $\dot{X}_i$ 与反馈信号 $\dot{X}_f$ 的比较环节，$\dot{X}_{id}$ 为净输入信号，是 $\dot{X}_i$ 与 $\dot{X}_f$ 之差，$\dot{X}_o$ 为输出信号。

开环增益为

$$\dot{A} = \frac{\dot{X}_o}{\dot{X}_{id}} \tag{2-52}$$

反馈系数为 $\dot{F} = \dfrac{\dot{X}_f}{\dot{X}_o}$ （2-53）

则负反馈放大电路的闭环增益为

$$\dot{A}_f = \dfrac{\dot{X}_o}{\dot{X}_i} = \dfrac{\dot{A}\dot{X}_{id}}{\dot{X}_{id} + \dot{A}\dot{F}\dot{X}_{id}} = \dfrac{\dot{A}}{1+\dot{A}\dot{F}}$$ （2-54）

式中，$1+\dot{A}\dot{F}$ 称为<u>反馈深度</u>，是衡量反馈强弱的一个重要指标，反馈越深，$\dot{A}_f$ 越小。

当 $|1+\dot{A}\dot{F}| \gg 1$ 时，$\dot{A}_f \approx \dfrac{1}{\dot{F}}$，称为<u>深度负反馈</u>。深度负反馈放大电路的闭环增益 $\dot{A}_f$ 只与反馈系数 $\dot{F}$ 有关，与放大电路本身无关。

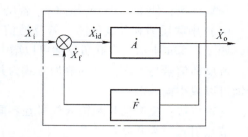

图 2-51　负反馈放大电路组成框图

2. 反馈的基本形式及判断方法

根据不同反馈情况，反馈可分为以下几种类型：

（1）正反馈与负反馈　若引入的反馈信号 $\dot{X}_f$ 削弱输入信号 $\dot{X}_i$，从而使放大电路的放大倍数降低，这种反馈称为<u>负反馈</u>；若引入的反馈信号 $\dot{X}_f$ 增强输入信号 $\dot{X}_i$，从而使放大电路的放大倍数提高，这种反馈称为<u>正反馈</u>。

反馈的类型与判别

<u>判别方法</u>：瞬时极性法。先假设输入信号在某一时刻的瞬时极性为正，然后在电路中，从输入端开始，沿着信号流向（基本放大电路中信号正向传输，反馈通路中信号反向传输），根据放大电路输入、输出的相位关系，逐级标出该时刻有关节点电位的瞬时极性，最后判断信号反馈到输入端是削弱还是增强了净输入信号，如果是削弱，则为负反馈，反之则为正反馈。

（2）直流反馈与交流反馈　若反馈信号属直流量（直流电压或直流电流），则称为<u>直流反馈</u>。直流负反馈在放大电路中主要起稳定静态工作点的作用。

若反馈信号属交流量，则称为<u>交流反馈</u>。交流负反馈可以改善放大电路的交流特性。

（3）电压反馈和电流反馈　反馈信号取自输出电压，则称为<u>电压反馈</u>，如图 2-52a 所示。电压负反馈能稳定输出电压，减小输出电阻。

反馈信号取自输出电流，则称为<u>电流反馈</u>，如图 2-52b 所示。电流负反馈能稳定输出电流，增大输出电阻。

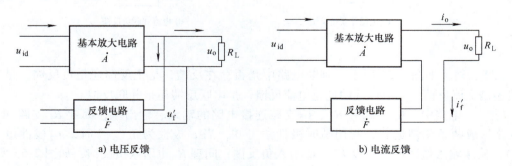

a) 电压反馈　　　　　　　　　　　　b) 电流反馈

图 2-52　电压和电流反馈示意图

判别方法：使 $u_o=0$（R_L 短路），若反馈消失为电压反馈，反馈不消失为电流反馈。

（4）串联反馈和并联反馈　若反馈信号与输入信号的叠加方式为串联，则称为**串联反馈**，如图 2-53a 所示。串联负反馈可以增大输入电阻。

若反馈信号与输入信号的叠加方式为并联，则称为**并联反馈**，如图 2-53b 所示。并联负反馈可以减小输入电阻。

判别方法：反馈信号和输入信号在不同节点引入，为串联反馈；反馈信号和输入信号在同一节点引入，为并联反馈。

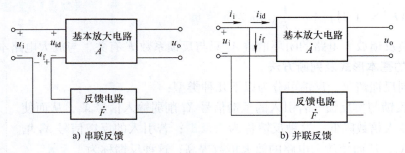

图 2-53　串联和并联反馈示意图

放大电路中引入的交流负反馈有以下 4 种类型：电压串联负反馈、电流串联负反馈、电压并联负反馈和电流并联负反馈，分别如图 2-54 所示。

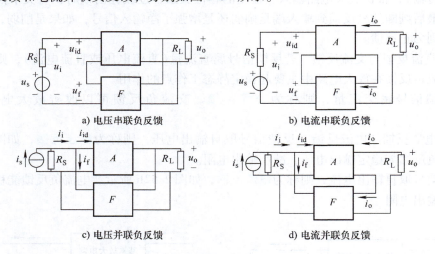

图 2-54　4 种基本反馈类型

【例 2-6】　如图 2-55 所示，判断电路中是否存在反馈，是正反馈还是负反馈，是直流反馈还是交流反馈，是电压反馈还是电流反馈，是串联反馈还是并联反馈。

【解】　电路中，R_{f1} 支路和 R_{f2}、C_2 支路连接电路的输入、输出端，因此 R_{f1} 支路和 R_{f2}、C_2 支路形成两条反馈通路，利用瞬时极性法可知，当 u_i 极性为正（+）时，u_{f2} 极性也为正（+），使净输入量减小，所以 R_{f2}、C_2 引入负反馈；同理 R_{f1} 也引入负反馈，如图 2-55 所示，且 R_{f1} 的反馈通路具有交流和直流两种反馈，R_{f2}、C_2 的反馈通路只有交流反馈。

令 $u_o=0$，i_{f1} 仍存在，u_{f2} 消失，所以 R_{f1} 引入电流反馈；R_{f2}、C_2 引入电压反馈。

i_{f1} 与输入量都从 VT_1 的基极引入，因此 R_{f1} 引入并联反馈；u_{f2} 从 VT_1 的发射极引入，输入

量从 VT_1 的基极引入，因此 R_{f2}、C_2 引入串联反馈。

即 R_{f1} 引入电流并联负反馈，R_{f2}、C_2 引入电压串联负反馈。

3. 负反馈对放大电路性能的影响

引入负反馈后，电路的放大倍数降低了，但性能却得到了改善，如提高放大倍数的稳定性、改善非线性失真、扩展通频带和改变输入电阻、输出电阻等。

（1）提高放大倍数的稳定性　放大电路引入深度负反馈后，其闭环增益 $\dot{A}_f$ 只与反馈系数 $\dot{F}$ 有关，而反馈电路采用线性元器件，受环境影响很小，这对放大倍数稳定性的提高提供了良好的客观条件，经推导可知，引入负反馈可使放大倍数稳定性提高 $(1+AF)$ 倍。

（2）改善非线性失真　对于理想放大电路，其输出信号与输入信号应完全呈现线性关系。但是由于放大电路中放大器件（如晶体管、场效应晶体管）特性的非线性，当输入信号为正弦波时，放大电路输出信号的波形可能不再是正弦波，而产生非线性失真。负反馈可以改善放大电路的非线性失真。如图 2-56 所示，引入负反馈后，使得净输入信号 x_{id} 产生相反的失真，正好在一定程度上补偿了基本放大电路的非线性失真。反馈深度越深，非线性失真改善越好。引入负反馈后，非线性失真减小为 $1/(1+AF)$。

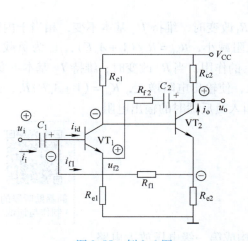

图 2-55　例 2-6 图

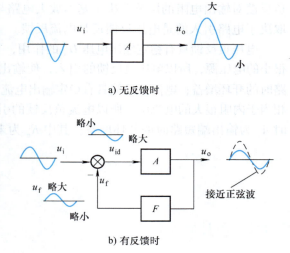

图 2-56　负反馈对非线性失真的影响

（3）扩展通频带　由图 2-57 可知，引入负反馈后放大电路的通频带比无反馈时的通频带要宽，幅频特性变得平坦，而放大倍数在中频区降低较多。

无反馈时

$$BW = f_H - f_L \approx f_H$$

引入反馈后，可以证明

$$BW_f = f_{Hf} - f_{Lf} = (1+AF)BW$$

（4）改变输入、输出电阻

1）负反馈对输入电阻的影响。输入电阻是从

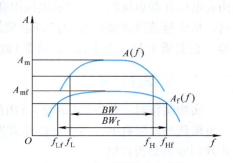

图 2-57　负反馈展宽通频带

放大电路输入端看进去的等效电阻,因而负反馈对输入电阻的影响取决于基本放大电路与反馈网络在电路输入端的连接方式,即取决于电路引入的是串联反馈还是并联反馈。

串联负反馈使输入电阻增大为未引入负反馈时的 $(1+AF)$ 倍,即 $R_{if}=(1+AF)R_i$;并联负反馈使输入电阻减小,引入负反馈后的输入电阻 $R_{if}=R_i/(1+AF)$。R_i 为未引入负反馈时的输入电阻,如图 2-58 所示。

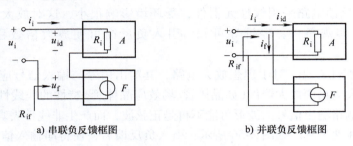

图 2-58 负反馈对输入电阻的影响

2)负反馈对输出电阻的影响。输出电阻是从放大电路输出端看进去的等效电阻,因而负反馈对输出电阻的影响取决于基本放大电路与反馈网络在放大电路输出端的连接方式,即取决于电路引入的是电压反馈还是电流反馈。

电压负反馈具有稳定输出电压 $\dot{U}_o$ 的作用,当 R_L 改变时,维持 $\dot{U}_o$ 基本不变,相当于内阻很小的电压源,所以电压负反馈的引入,使输出电阻减小,$R_{of}=R_o/(1+A_oF)$,A_o 为负载开路时的开环增益;电流负反馈具有稳定输出电流 $\dot{I}_o$ 的作用,当 R_L 改变时,维持 $\dot{I}_o$ 基本不变,相当于内阻很大的电流源,所以电流负反馈的引入,使输出电阻增大,$R_{of}=(1+A_oF)R_o$,这时 A_o 为输出端短路时的开环增益;其中 R_o 为未引入负反馈时的输出电阻。

2.4 项目制作与调试

2.4.1 项目原理分析

图 2-1 中以 NPN 型晶体管 VT_1(9013)为核心构成第一级电压放大电路,R_{B1} 构成电压并联负反馈;以 PNP 型晶体管 VT_2(9012)为核心构成第二级电压放大电路,R_{B2} 构成电压并联负反馈,R_f 构成电压串联负反馈,这些反馈环节可以稳定静态工作点、减少失真,从而显著改善助听器的声音品质。以 NPN 型晶体管 VT_3(9013)为核心构成射极输出器,它实质上是一个电流(或功率)放大环节。

2.4.2 元器件检测

实物制作时,传声器(话筒)可用信号发生器输出信号代替,受话器(耳机)可用 27Ω 左右电阻代替。所有的元器件安装前需先检测,以保证质量合格,按以下规格要求检测元器件并判别质量是否合格。

1. 晶体管检测

晶体管要求按 2.3.1 节所述方法判别管脚，测电流放大系数 β 值，检测结果记于表2-4中。

表2-4 晶体管检测值

序号	型号及规格	β	质量判别
1	9012		
2	9013		

2. 电位器检测

按要求读取标称阻值，用数字式万用表测量实际阻值，计算实际误差，旋转电位器观察阻值变化情况，判别质量是否合格，检测结果记于表2-5中。

表2-5 电位器检测值

序号	标称阻值/kΩ	实测阻值/kΩ	实际误差	质量判别
1	470			
2	100			
3	22			

电阻、电容的检测参照项目1，请自行检测并列表记录。

2.4.3 电路安装与调试

1. 电路安装

本电路拟在通用电路板上安装，按照信号流程，考虑电路板的大小、元器件数量和调试要求等因素，合理布局布线，做到排列整齐、造型美观。焊接时注意不要出现错焊、漏焊、虚焊等现象。

元器件排列和安装时应注意以下几项：

1) 输入、输出、电源及可调元器件（电位器）的位置要合理安排，做到调节方便、安全。
2) 元器件上标数值的一面应当朝外，以易于观察。
3) 特别注意晶体管的管脚排列，焊接时间不要过久，以免损坏，晶体管与板面之间保留2~3mm的高度。
4) 注意电解电容的极性不能接反。

2. 电路调试

仔细检查电路，确认无误后接入 9V 电源，首先调整静态工作点，然后输入正弦波信号进行动态测试，测试过程中按照信号流程从前到后一级一级地调试。

（1）静态工作点的调试 先断开 R_f 支路，粗调 R_{B1}、R_{B2}，使静态工作点 Q_1、Q_2 较合适，再接上 R_f，调节反馈量。

（2）动态调试 由信号发生器接入正弦信号，输入信号峰-峰值 $U_{iP\text{-}P}=30\text{mV}$，频率 $f=1\text{kHz}$，用示波器观察输入、输出信号电压波形，用毫伏表测量输入、输出信号的电压值，计算助听器电路的电压放大倍数，调节电位器，观察失真情况。

重复调试,最终固定电位器的位置不变。

2.4.4 实训报告

实训报告格式见附录 A。

2.5 项目总结与评价

2.5.1 项目总结

1) 双极型晶体管有 NPN 型和 PNP 型两种类型,内部有两个 PN 结,是一种电流型控制器件,即利用基极电流(输入电流)来控制集电极电流(输出电流),实现电流放大作用;晶体管的特性有输入特性和输出特性,输出特性可以划分为 3 个区:饱和区、放大区和截止区。为了实现线性放大,晶体管应工作在放大区,此时应保证晶体管的发射结正偏、集电结反偏;晶体管的主要参数有电流放大系数 β、极间反向饱和电流 I_{CBO}、I_{CEO},极限参数 I_{CM}、P_{CM}、$U_{(BR)CEO}$,其中 β 是衡量晶体管放大能力的参数,穿透电流(I_{CEO})是评价晶体管质量优劣的重要参数,极限参数是保证晶体管安全工作和选择晶体管的依据。

2) 基本放大电路有共发射极、共集电极、共基极 3 种组态,分别称为**反相电压放大器、电压跟随器、电流跟随器**。共发射极电路一般用于电压放大,共集电极电路常用于输入级、输出级及中间缓冲级,共基极电路多用于高频电路中。放大电路静态分析时可用图解法和工程估算法,动态分析时可用图解法和小信号模型分析法。

3) 场效应晶体管是一种电压型控制器件,即利用栅源电压(输入电压)来控制漏极电流(输出电流),它具有输入电阻高、噪声小、集成度高等特点,构成的放大电路有共源极、共漏极、共栅极 3 种,对应于共发射极、共集电极、共基极电路。

4) 多级放大电路由各种不同性能的基本单元电路耦合连接而成,其电压放大倍数是各级电压放大倍数的乘积,输入电阻为第一级的输入电阻,输出电阻为最后一级的输出电阻。

5) 放大电路中引入负反馈,可以稳定放大倍数、扩展通频带、减少非线性失真、增大或减小输入、输出电阻。负反馈有电压串联负反馈、电压并联负反馈、电流串联负反馈、电流并联负反馈 4 种基本形式,实际应用时可根据不同的要求引入不同类型的反馈。

6) 助听器是一个多级低频小信号线性放大器,电路中采用阻容耦合方式。

2.5.2 项目评价

项目评价原则仍然是"过程考核与综合考核相结合,理论考核与实践考核相结合,教师评价与学生评价相结合",本项目占 6 个项目总分值的 20%,具体评价内容参考表 2-6。

表 2-6 项目 2 评价表

考核项目	考核内容及要求	分值	学生评分(50%)	教师评分(50%)	得分
电路制作	1) 熟练使用数字式万用表检测元器件 2) 电路板上元器件布局合理、焊接规范	30 分			

（续）

考核项目	考核内容及要求	分值	学生评分（50%）	教师评分（50%）	得分
电路调试	1）熟练使用信号发生器、毫伏表和示波器 2）正确调整电路静态工作点 3）正确测量助听器电路技术指标 4）正确判断故障原因并独立排除故障	30分			
实训报告编写	1）格式标准，表达准确 2）内容充实、完整，逻辑性强 3）有测试数据记录及结果分析	20分			
综合职业素养	1）遵守纪律，态度积极 2）遵守操作规程，注意安全 3）具有团队合作精神	10分			
小组汇报总评	1）电路结构设计、原理说明 2）电路制作与调试总结	10分			
总分		100分			

2.6 仿真测试

2.6.1 单管共发射极放大电路仿真测试

1. 仿真目的

1）掌握共发射极放大电路的结构。
2）掌握共发射极放大电路静态工作点的测试方法并了解放大电路的失真及调节方法。
3）掌握共发射极放大电路电压放大倍数、输入电阻和输出电阻的测试。

2. 仿真电路

打开 Multisim 软件，绘制单管共发射极放大电路，如图 2-59 所示，信号源采用频率为 1kHz 的正弦波，直流供电电源 12V。

单管共发射极放大电路仿真测试

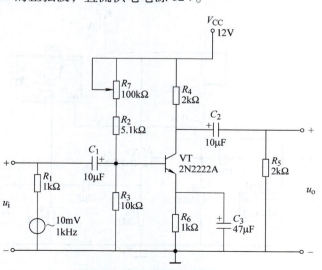

图 2-59 单管共发射极放大电路

3. 测试内容

（1）测试电压放大倍数　运行电路观察输入、输出波形是否失真，不失真时记录输入、输出电压振幅，计算电压放大倍数 $A_u = u_o/u_i$。

（2）测试静态工作点

1）选择菜单"Options→Sheet Proterties→Circuit"下面的"Net Names"，选择"Show All"，显示所有节点号，按"OK"按钮。

2）选择菜单"Simulate→Analyses→DC Operating Point"，选择晶体管 B、C、E 极的节点号，并按"Simulate"，记录 3 个节点电位，计算静态工作点。

（3）失真观察　增大输入信号为 100mV，观察输出波形失真情况；输入信号仍为 100mV，电位器调整为 15%，观察输出波形失真情况。

（4）测试输入电阻和输出电阻　在输出电压不失真时，记录 u_i、u_S，按公式 $R_i = R_1 \times u_i/(u_S - u_i)$ 计算输入电阻；测得接负载 R_5 时的输出电压 u_o 及断开负载时的输出电压 u_{o1}，按公式 $R_o = R_5 \times (u_{o1}/u_o - 1)$ 计算输出电阻。

4. 思考题

1）如何判别静态工作点是否合适？

2）电路输出信号波形为什么会产生失真？

2.6.2　共集电极放大电路仿真测试

1. 仿真目的

1）掌握共集电极放大电路的结构。

2）掌握共集电极放大电路静态工作点的测试。

3）掌握共集电极放大电路电压放大倍数、输入电阻和输出电阻的测试。

4）掌握放大电路的通频带测试方法。

2. 仿真电路

打开 Multisim 软件，绘制共集电极放大电路，如图 2-60 所示，信号源采用频率为 1kHz 的正弦波，直流供电电源 12V。

共集电极放大电路仿真测试

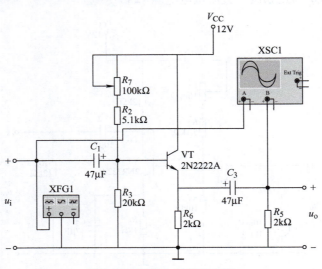

图 2-60　共集电极放大电路

3. 测试内容

（1）测试电压放大倍数　运行电路，输入信号为幅度 100mV、频率 1kHz 的正弦波，调节 R_7 使输出波形不失真，记录输出电压振幅，计算电压放大倍数 $A_u = u_{om}/u_{im}$。

（2）测试静态工作点

1）选择菜单"Options→Sheet Proterties→Circuit"下面的"Net Names"，选择"Show All"，显示所有节点号，按"OK"按钮。

2）选择菜单"Simulate→Analyses→DC Operating Point"，选择晶体管 B、C、E 极的节点号，并按"Simulate"，记录 3 个节点电位，计算静态工作点。

（3）测试输入电阻和输出电阻　建立如图 2-61 所示电路，在输入端接入两个万用表，一个测输入电压，一个测输入电流，注意设置万电表为交流电压和交流电流档，两者相除即为输入电阻 R_i。

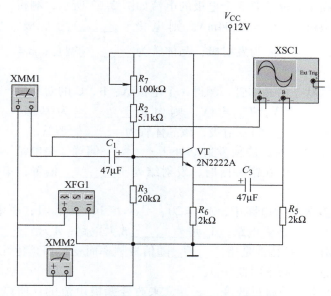

图 2-61　共集电极放大电路输入电阻测试

在输出电压不失真时，测得接负载 R_5 时的输出电压 u_o 及断开负载时的输出电压 u_{o1}，按公式 $R_o = R_5 \times (u_{o1}/u_o - 1)$ 计算输出电阻。

4. 思考题

1）共集电极放大电路的电压放大倍数有何特点？

2）共集电极放大电路的输入电阻、输出电阻有何特点？

2.7　习题

1. 填空题

（1）晶体管能放大的内因是：发射区掺杂浓度_____，基区宽度_____，且杂质浓度_____，集电结面积_____；外部条件是：发射结处于_____偏置，集电结处于_____偏置。

（2）在共发射极、共集电极、共基极 3 种组态的放大电路中，既能放大电流、又能放大电压的组态是_____电路；只放大电流、不放大电压的组态是_____电路；只放大电压、不放大电流的组态是_____电路。

（3）温度升高时，BJT 的电流放大系数 β _____，极间反向饱和电流 I_{CBO} _____，发射结电压 U_{BE} _____。

（4）场效应晶体管的类型按沟道分为_____沟道和_____沟道；按结构分有_____型场效应晶体管和_____型场效应晶体管；按 $u_{GS}=0$ 时有无导电沟道分为_____型和_____型。

（5）某晶体管的极限参数为 $I_{CM}=30mA$、$P_{CM}=200mW$、$U_{BR(CEO)}=30V$。当工作电压 $U_{CE}=10V$ 时，工作电流 I_C 不得超过_____mA；当工作电压 $U_{CE}=1V$ 时，I_C 不得超过_____mA；当工作电流 $I_C=1mA$ 时，U_{CE} 不得超过_____V。

（6）某放大电路中，晶体管 3 个电极的电流如图 2-62 所示，测得 $I_A=2mA$，$I_B=2.04mA$，$I_C=0.04mA$，则电极_____为基极，_____为集电极，_____为发射极；晶体管为_____型管；$\bar{\beta}=$ _____。

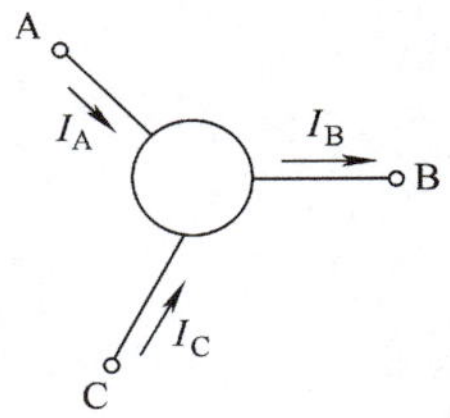

图 2-62　填空题(6)图

（7）某处于放大状态的晶体管，测得 3 个电极 A、B、C 的对地电位为 $U_A=5V$，$U_B=1.7V$，$U_C=1V$，则电极_____为基极，_____为集电极，_____为发射极，该晶体管为_____型管。

（8）晶体管用来放大时，应使发射结处于_____偏置，集电结处于_____偏置；而工作在饱和区时，发射结处于_____偏置，集电结处于_____偏置。

（9）在晶体管多级放大电路中，$\dot{A}_{u1}=20$、$\dot{A}_{u2}=-10$、$\dot{A}_{u3}=1$，总电压放大倍数 $\dot{A}_u=$ _____；A_{u1} 是_____放大电路；A_{u2} 是_____放大电路；A_{u3} 是_____放大电路。

（10）放大电路的幅频特性是指_____随信号频率而变；相频特性是指输出信号与输入信号的_____随信号频率而变。

（11）场效应晶体管是通过改变_____来改变漏极电流的，所以它是一个_____器件。

（12）在场效应晶体管的输出特性曲线中，饱和区相当于 BJT 输出特性曲线的_____区。而前者的可变电阻区则对应于后者的_____区。

（13）为了稳定静态工作点，在放大电路中应引入_____负反馈；若要稳定放大倍数，改善非线性失真等性能，应引入_____负反馈。

（14）_____反馈增强净输入电压，_____反馈削弱净输入电压。

（15）串联负反馈使反馈环内的输入电阻_____，电流负反馈使电路的输出电阻_____。

（16）$|1+\dot{A}\dot{F}|$ 称为_____，当 $|1+\dot{A}\dot{F}|\gg 1$ 时，称为_____。

2. 判断题

（1）由于发射区和集电区的杂质浓度以及面积不同，因此晶体管的集电极和发射极不能互换使用。（　　）

（2）I_{DSS} 表示工作于饱和区的增强型场效应晶体管在 $u_{GS}=0$ 时的漏极电流。（　　）

(3) 开启电压是耗尽型场效应晶体管的参数；夹断电压是增强型场效应晶体管的参数。(   )

(4) 由于 JFET 与耗尽型 MOSFET 同属耗尽型，因此在正常放大时，加于它们栅、源极间的电压 u_{GS} 只允许一种极性。(   )

(5) 输出电阻越大，放大电路带负载能力越强。(   )

(6) 在对放大电路的静态工作点进行估算时，一般取硅管的 $U_{BE}=0.2$V，锗管的 $U_{BE}=0.7$V。(   )

(7) 晶体管放大电路中的耦合电容在直流分析时应视为开路，交流分析时可视为短路。(   )

(8) 晶体管的输入电阻 r_{be} 可以用万用表的电阻档测出。(   )

(9) 晶体管的输出特性曲线随温度升高而上移，且间距随温度升高而增大。(   )

(10) 晶体管由两个 PN 结构成，因此可以用两个二极管背靠背相连构成一只晶体管。(   )

(11) BJT 的小信号等效模型为电流控制电流源，FET 的小信号等效模型为电压控制电流源。(   )

(12) 直接耦合多级放大电路各级的静态工作点 Q 相互影响。(   )

(13) 阻容耦合多级放大电路只能放大交流信号。(   )

(14) 阻容耦合多级放大电路各级的静态工作点 Q 相互独立。(   )

(15) 电压反馈稳定输出电压，电流反馈稳定输出电流。(   )

(16) 使净输入量减小的反馈为负反馈，否则为正反馈。(   )

3. 选择题

(1) 测得晶体管 $I_B=20\mu A$ 时，$I_C=1.6$mA；$I_B=30\mu A$ 时，$I_C=2.43$mA，则该管的交流电流放大系数 β 为(   )。

A. 80　　　　　　　　B. 81　　　　　　　　C. 83

(2) 放大电路如图 2-63 所示，已知晶体管的 $\beta=100$，则该电路中晶体管的工作状态为(   )。

A. 放大　　　　　　　B. 饱和
C. 截止　　　　　　　D. 无法确定

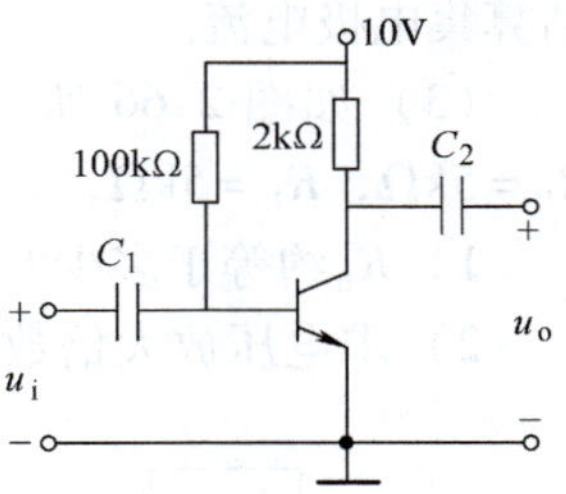

(3) 放大电路中，为了使晶体管不工作在饱和区，其静态管压降 U_{CE} 应选择为(   )。

A. $U_{CE}=V_{CC}$
B. $U_{CE}=0$
C. $U_{CE}=U_{CE(sat)}+U_{om}$
D. $U_{CE}=U_{CE(sat)}$

图 2-63　选择题(2)图

(4) 某晶体管的 $I_{CM}=20$mA、$P_{CM}=100$mW、$U_{BR(CEO)}=15$V，则下列状态下晶体管能正常工作的是(   )。

A. $I_C=30$mA、$U_{CE}=2$V　　　　　　　B. $I_C=10$mA、$U_{CE}=6$V
C. $I_C=3$mA、$U_{CE}=15$V　　　　　　　D. $I_C=18$mA、$U_{CE}=6$V

(5) 硅晶体管放大电路中，静态时测得集电极、发射极之间直流电压 $U_{CE}=0.3$V，则此时晶体管工作于( )状态。

　　A. 放大　　　　　　B. 截止　　　　　　C. 饱和　　　D. 无法确定

（6）P 型沟道增强型 IGFET 的开启电压 $U_{GS(th)}$ 为( )。

　　A. 正值　　　　　　B. 负值　　　　　　C. 0

（7）若希望高频性能好，则应选用( )放大电路。

　　A. 共发射极　　　　B. 共集电极　　　　C. 共基极

（8）若希望带负载能力强，则应选用( )放大电路。

　　A. 共发射极　　　　B. 共集电极　　　　C. 共基极

（9）为了获得电压放大，同时又使得输出与输入电压同相，则应选用( )放大电路。

　　A. 共发射极　　　　B. 共集电极　　　　C. 共基极

（10）基本组态双极型晶体管放大电路中，输入电阻最大的是( )电路。

　　A. 共发射极　　　　B. 共集电极　　　　C. 共基极

（11）对于放大电路，所谓闭环是指( )。

　　A. 考虑信号源内阻　　B. 存在反馈通路　　C. 接入电源　D. 接入负载

（12）在输入量不变的情况下，若引入反馈后( )，则说明引入的是负反馈。

　　A. 输入量增大　　　　　　　　　　B. 输出量增大
　　C. 净输入量增大　　　　　　　　　D. 净输入量减小

（13）需要一个阻抗变换电路，要求输入电阻大、输出电阻小，应选用( )负反馈。

　　A. 电压串联　　　　B. 电压并联　　　　C. 电流串联　D. 电流并联

4. 分析计算题

（1）图 2-64 所示电路中的晶体管为硅管，$\beta=100$，试求电路的 I_B、I_C、U_{CE}，判断晶体管工作在什么状态。

（2）放大电路如图 2-65 所示，VT 为锗管。已知 $\beta=50$，当开关 S 分别与 A、B、C 三点连接时，试分析 VT 工作在什么状态，并估算集电极电流。

（3）如图 2-66 所示，已知 $U_{BE}=0.7V$，$\beta=80$，$r_{bb'}=100\Omega$，$R_C=5k\Omega$，$R_L=5k\Omega$，$V_{CC}=12V$；静态时测得管压降 $U_{CE}=6V$。

　　1）R_B 约等于多少？

　　2）求电压放大倍数、输入电阻和输出电阻。

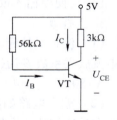

图 2-64　计算题(1)图

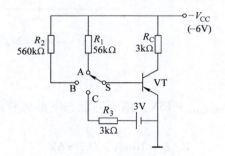

图 2-65　计算题(2)图

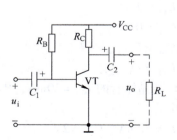

图 2-66　计算题(3)图

（4）放大电路如图 2-67 所示，已知电容足够大，$V_{CC} = 12V$，$R_{B1} = 15kΩ$，$R_{B2} = 5kΩ$，$R_E = 2.3kΩ$，$R_C = 5.1kΩ$，$R_L = 5.1kΩ$，晶体管的 $β = 100$，$r_{bb'} = 200Ω$，$U_{BE} = 0.7V$。试：

1）计算静态工作点（I_B、I_C、U_{CE}）；

2）画出放大电路的小信号等效电路；

3）计算电压放大倍数 A_u、输入电阻 R_i 和输出电阻 R_o；

4）若断开 C_E，则对静态工作点、放大倍数、输入电阻的大小各有何影响？

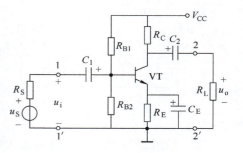

图 2-67　计算题(4)图

（5）放大电路如图 2-68 所示，已知电容足够大，$V_{CC} = 12V$，$R_B = 300kΩ$，$R_{E1} = 200Ω$，$R_{E2} = 1.8kΩ$，$R_C = 2kΩ$，$R_L = 2kΩ$，$R_S = 1kΩ$，晶体管的 $β = 50$，$U_{BE} = 0.7V$。试：

1）计算静态工作点（I_B、I_C、U_{CE}）；

2）计算电压放大倍数 A_u、源电压放大倍数 A_{uS}、输入电阻 R_i 和输出电阻 R_o；

3）若 u_o 正半周出现图中所示失真，则该非线性失真类型是什么？如何调整 R_B 值以改善失真？

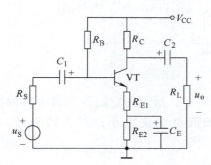 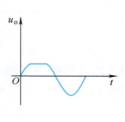

图 2-68　计算题(5)图

（6）放大电路如图 2-69 所示，已知电容足够大，$V_{CC} = 18V$，$R_{B1} = 75kΩ$，$R_{B2} = 20kΩ$，$R_{E2} = 1.8kΩ$，$R_{E1} = 200Ω$，$R_C = 8.2kΩ$，$R_L = 6.2kΩ$，$R_S = 600Ω$，晶体管的 $β = 100$，$r_{bb'} = 300Ω$，$U_{BE} = 0.7V$。试：

1）计算静态工作点（I_B、I_C、U_{CE}）；

2）画出放大电路的小信号等效电路；

3）计算电压放大倍数 A_u、输入电阻 R_i 和输出电阻 R_o。

4）若 $u_S = 15\sin\omega t$ mV，求 u_o 的表达式。

（7）已知图 2-70 所示电路中，$β = 50$，试求：

1）静态工作点（I_B、I_C、U_{CE}）；

2）负载开路和接负载 R_L 时的电压放大倍数；

3）接负载 R_L 时的输入电阻、输出电阻。

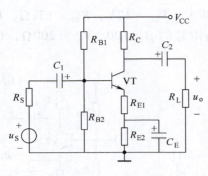

图 2-69　计算题(6)图

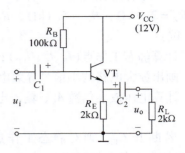

图 2-70　计算题(7)图

(8) 如图 2-71 所示的晶体管放大电路中，$\beta = 100$，$U_{BE} = 0.7V$，各电容对交流的容抗近似为零。

1) 该电路为何种组态？
2) 求电压放大倍数、输入电阻和输出电阻。

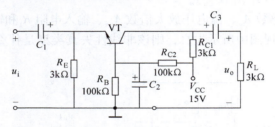

图 2-71　计算题(8)图

(9) 两个 FET 的转移特性如图 2-72 所示，请判别它们分别属于哪种类型 FET；对于耗尽型，指出其夹断电压 $U_{GS(off)}$ 和饱和漏极电流大小；对于增强型，指出其开启电压 $U_{GS(th)}$。

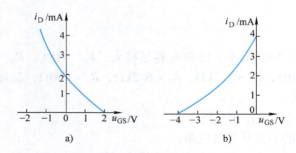

图 2-72　计算题(9)图

(10) 两个 FET 的输出特性如图 2-73 所示，其中漏极电流的参考方向与实际方向一致。请判别它们分别属于哪种类型 FET；对于耗尽型，指出其夹断电压 $U_{GS(off)}$ 和饱和漏极电流大小；对于增强型，指出其开启电压 $U_{GS(th)}$。

(11) 如图 2-74 所示 FET 电路中，$I_{DSS} = 5mA$，$g_m = 1mS$，试求：电压放大倍数和 C_S 开路时的电压放大倍数、输入电阻和输出电阻。

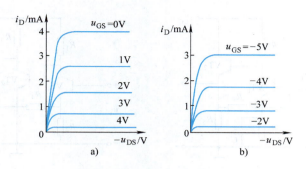

图 2-73　计算题(10)图

（12）两级放大电路如图 2-75 所示，已知 VF 的 $g_m = 1\text{mS}$，VT 的 $\beta = 100$，$r_{be} = 2\text{k}\Omega$，试求：电压放大倍数、输入电阻和输出电阻。

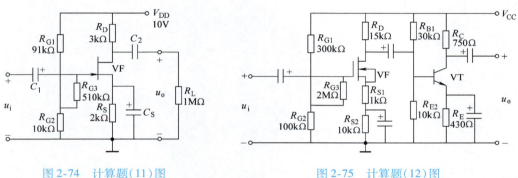

图 2-74　计算题(11)图　　　　　　　图 2-75　计算题(12)图

（13）分析图 2-76 所示电路存在哪些直流反馈和交流反馈？是正反馈还是负反馈？对于交流负反馈，指出其反馈组态。

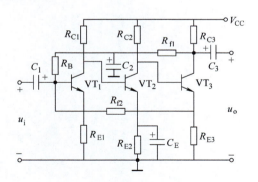

图 2-76　计算题(13)图

（14）分析图 2-77 所示各电路的反馈类型，假设为深度负反馈，估算电压放大倍数。

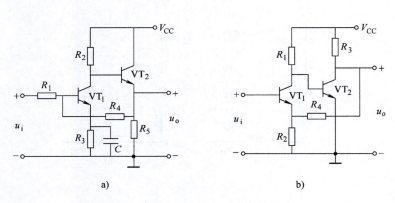

图 2-77 计算题(14)图

(15) 某反馈放大电路的开环放大倍数为 50,反馈系数为 0.02,问闭环放大倍数为多大?

项目3
热电阻测温放大器的制作与调试

3.1 项目导入

图 3-1 所示的热电阻测温放大器电路由测温电桥和测量放大器组成。电阻 R_1、R_3、R_4 和 R_t 组成测温电桥电路,其中,R_1、R_3 和 R_4 为固定电阻,R_t 为热电阻,热电阻阻值随着温度的变化而变化。测温电桥将温度信号转换成 u_{i1} 和 u_{i2},送入放大器电路,经过电压放大后,输出 u_o 给后续电路进行运算或处理。测量放大器由三个集成运放组成两级放大电路。

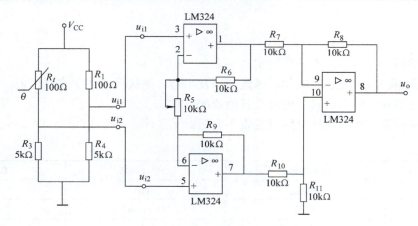

图 3-1　热电阻测温放大器电路

通过本项目的制作与调试,达到以下 教学目标:

1. 知识目标

1) 了解热电阻测温放大器的基本组成、原理及主要性能指标。

2) 熟悉基本差分放大电路的结构及性能特点,掌握基本差分电路的静态分析和动态分析方法。

3) 了解集成运算放大器的符号、封装和组成,熟悉集成运放的性能指标,掌握集成运放的电压传输特性。

4) 掌握比例、加法、减法等基本运算电路的结构形式和运算关系,熟悉积分和微分电路的结构形式和运算关系。

5) 熟悉有源滤波电路的类型和应用,掌握一阶有源低通、高通、带通和带阻滤波的电路形式和频率特性,了解二阶滤波电路的结构和幅频特性。

2. 能力目标

1) 会根据要求选择和使用集成运算放大器。

2）能熟练运用虚短、虚断、虚地的概念分析运算电路。
3）理解并会分解差模信号和共模信号，会计算基本差分放大电路的差模电压放大倍数、输入电阻和输出电阻。
4）会选用有源滤波电路的类型，会计算滤波电路中的元器件参数，并会选择相应元器件。
5）掌握测温放大电路的分析方法。
6）能够查阅并检测相关集成运算放大器，了解集成运算放大器的封装和引脚。
7）掌握测量放大器电路的安装与调试方法。
8）熟练使用示波器、信号发生器等电子仪器。

3. 素质目标

1）培养学生专注的品质。
2）培养学生一丝不苟的职业态度。
3）培养学生爱岗敬业的品质。
4）培养学生科技强国的家国情怀。

3.2 项目实施条件

场地：学做合一教室或电子技能实训室。
仪器：直流稳压电源、示波器、函数信号发生器、毫伏表、数字式万用表。
工具：电烙铁、螺钉旋具、剪刀及其他装配工具。
元器件及材料：实训模块电路或按表3-1配置元器件。

表3-1 元器件清单

序号	元器件名称	型号及规格	数量
1	热电阻	100Ω	1
2	电阻	RJ 100Ω	1
3	电阻	RJ 5kΩ	2
4	电阻	RJ 10kΩ	6
5	电位器	WX 10kΩ	1
6	集成电路	LM324	1
7	集成插座	DIP14	1
8	焊锡	φ1.0mm	若干
9	导线	单股 φ0.5mm	若干
10	通用电路板	100mm×50mm	1

3.3 相关知识与技能

3.3.1 差分放大电路

1. 零点漂移现象及其产生的原因

在直接耦合放大电路中，人们发现，即使将输入端短路（即 $u_i=0$），输出端电压（u_o）也可能不为0,并且随时间缓慢变化,如图3-2所示。这种现象称为**零点漂移现象**。

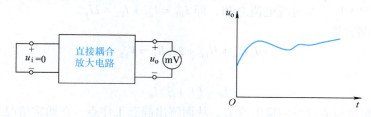

图3-2 零点漂移现象

在放大电路中,任何参数的变化,如电源电压的波动、元器件的老化、半导体参数随温度的变化,都将产生输出电压的漂移。采用高质量的稳压电源和使用经过老化实验的元器件就可以大大减小零点漂移。半导体参数随温度变化是产生零点漂移现象的主要原因,故零点漂移也称**温度漂移**,简称**温漂**。在前述项目中曾就温度对半导体元器件参数的影响进行了分析,在此不再赘述。

在直接耦合放大电路中,由于前、后级放大电路直接相连,前一级的漂移电压会随有用信号一起被送到下一级,而且逐级放大,所以有时在输出端很难区分什么是有用信号、什么是漂移电压,甚至影响放大电路使其不能正常工作。在直接耦合放大电路中,采用差分放大电路可以有效抑制零点漂移现象。

2. 长尾式差分放大电路组成

差分放大电路又称**差动放大电路**,可分为基本差分放大电路、长尾式差分放大电路和恒流源式差分放大电路3种电路结构形式。图3-3为长尾式差分放大电路。该电路由左右两个完全对称的单管放大电路组成,基极电阻和集电极电阻分别相等,发射极电阻共用,且晶体管 VT_1、VT_2 特性完全对称。u_{i1} 和 u_{i2} 为输入电压(双端输入);u_o 为输出电压,其值等于两管输出电压之差(双端输出)。从电路结构看,电阻 R_E 接电源 $-V_{EE}$,就像拖一个长尾巴,所以称**长尾式电路**。如果电路参数完全相同,晶体管特性也完全相同,那么两只晶体管的集电极静态电位在温度变化时也将相等,电路以两只晶体管集电极电位差作为输出,就克服了温度漂移。

3. 长尾式差分放大电路静态分析

当输入电压为零时,长尾式差分放大电路的直流通路如图3-4所示。由于电路完全对

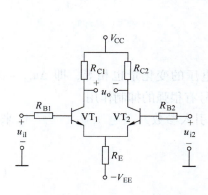

图3-3 长尾式差分放大电路

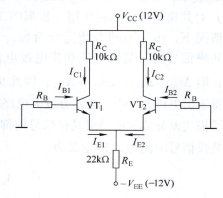

图3-4 长尾式差分放大电路的直流通路

称，$R_{C1} = R_{C2} = R_C$，$U_{BE1} = U_{BE2} = U_{BE}$，这时 $I_{C1} = I_{C2} = I_C$，$I_{E1} = I_{E2} = I_E$，电阻 R_E 中流过的电流是晶体管 VT_1 和 VT_2 的发射极电流之和，即 $I_{RE} = I_{E1} + I_{E2} = 2I_E$。

根据基极回路方程

$$I_B R_B + U_{BE} + 2I_E R_E = V_{EE}$$

又有

$$I_E = (1+\beta) I_B$$

可以求出基极电流 I_B 或发射极电流 I_E，从而解出静态工作点。在通常情况下，R_B 阻值很小（很多情况下为信号源内阻），而且 I_B 很小，所以 R_B 上的电压可忽略不计，发射极电位 $U_E \approx -U_{BE}$，因而发射极静态电流为

$$I_E \approx \frac{V_{EE} - U_{BE}}{2R_E} \tag{3-1}$$

只要合理选择电阻 R_E 的阻值，并与电源 V_{EE} 相配合，就能设置合理的静态工作点。由 I_E 可得 I_B 和 U_{CE} 为

$$I_B \approx \frac{I_E}{1+\beta} \tag{3-2}$$

$$U_{CE} = U_C - U_E = V_{CC} - I_C R_C + U_{BE} \tag{3-3}$$

代入图 3-4 中的参数，可得

$$I_C \approx I_E \approx \frac{12 - 0.7}{2 \times 22} \text{mA} = 0.257 \text{mA} \quad I_B \approx \frac{0.257}{1+60} \text{mA} = 4.2 \mu\text{A}$$

$$U_{CE} = (12 - 0.257 \times 10 + 0.7) \text{V} = 10.13 \text{V}$$

由于 $U_{C1} = U_{C2}$，所以 $u_o = U_{C1} - U_{C2} = 0$。

4. 长尾式差分放大电路动态分析

（1）输入信号类型 如图 3-5 所示，当差分放大电路的两个输入端信号大小相等、极性相同时，称为共模输入方式，所输入的信号称为共模信号，用 u_{ic} 表示，有 $u_{ic} = u_{i1} = u_{i2}$。如图 3-6a 所示，当差分放大电路的两个输入端信号大小相等、极性相反时，称为差模输入方式，所输入的信号称为差模信号，用 u_{id} 表示，有 $u_{id} = u_{i1} - u_{i2} = 2u_{i1} = -2u_{i2}$。

（2）对共模信号的抑制作用 根据图 3-5 可知，在理想情况下，由于电路参数完全对称，当差分电路输入共模信号时，基极电流和集电极电流的变化

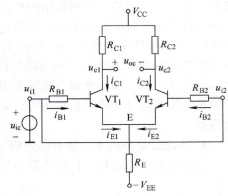

图 3-5 共模输入方式

量相等，即 $\Delta i_{B1} = \Delta i_{B2}$，$\Delta i_{C1} = \Delta i_{C2}$；因此集电极的电压的变化量也相等，即 $\Delta u_{C1} = \Delta u_{C2}$，从而使得输出电压 $u_{oc} = 0$。故差分放大电路对共模信号有很强的抑制作用。

为了描述差分放大电路对共模信号的抑制作用，引入参数共模电压放大倍数 A_{uc} 来描述其抑制共模信号的能力。A_{uc} 定义为

$$A_{uc} = \frac{\Delta u_{oc}}{\Delta u_{ic}} \tag{3-4}$$

式中，Δu_{ic}为共模输入电压；Δu_{oc}是Δu_{ic}作用下的输出电压。

共模电压放大倍数越小，表示放大电路抑制共模信号的能力越强。在理想情况下，由于$\Delta u_{oc} = 0$，所以$A_{uc} = 0$。但是，电路参数实际上不可能完全对称，输出端总会存在一个较小的共模输出电压，所以A_{uc}不会为零。

（3）对差模信号的放大作用　根据图3-6a可知，当差分放大电路输入差模信号u_{id}时，由于电路参数的对称性，u_{id}经分压后，加在VT$_1$一边的信号$u_{i1} = \dfrac{u_{id}}{2}$，加在VT$_2$一边的信号$u_{i2} = -\dfrac{u_{id}}{2}$。

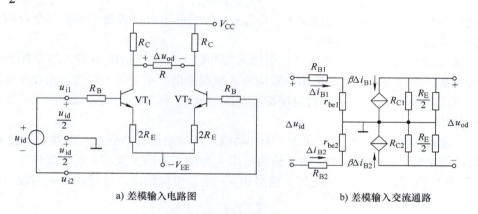

a) 差模输入电路图　　　　b) 差模输入交流通路

图3-6　差模输入方式

由于电路对称，集电极电流i_{C1}的增加量和i_{C2}的减少量相同，即$\Delta i_{C1} = -\Delta i_{C2}$，$\Delta i_{E1} = -\Delta i_{E2}$，所以$\Delta i_E = \Delta i_{E1} + \Delta i_{E2} = 0$，则$\Delta u_{RE} = 0$，故$R_E$上不存在差模信号，E点相当于接"地"。另外，由于负载电阻的中点电位在差模信号作用下也不变，相当于接"地"，因而R_L被分成相等的两部分，分别接在VT$_1$和VT$_2$的集电极、发射极之间。所以电路在差模信号作用下的等效电路如图3-6b所示。

输入差模信号的电压放大倍数称为**差模电压放大倍数**，记为A_{ud}，即

$$A_{ud} = \frac{\Delta u_{od}}{\Delta u_{id}} \tag{3-5}$$

式中，Δu_{id}为差模输入电压；Δu_{od}为Δu_{id}作用下的输出电压。

由图3-6b所示电路可得

$$A_{ud} = \frac{\Delta u_{od}}{\Delta u_{id}} = \frac{u_{o1} - u_{o2}}{u_{i1} - u_{i2}} = \frac{2u_{o1}}{2u_{i1}} = \frac{u_{o1}}{u_{i1}} = \frac{-2\Delta i_{C1}\left(R_C // \dfrac{R_L}{2}\right)}{2\Delta i_{B1}(R_B + r_{be})} = -\frac{\beta\left(R_C // \dfrac{R_L}{2}\right)}{R_B + r_{be}} \tag{3-6}$$

由式(3-6)可知，该电路可对差模信号进行放大，并且差模电压放大倍数与基本共发射极放大电路相同。

该电路的差模输入电阻，即从电路的输入端看进去，该电路的等效电阻用R_i表示。

$$R_i = 2(R_B + r_{be}) \tag{3-7}$$

该电路的差模输出电阻，即从电路的输出端看进去，该电路的等效电阻用R_o表示。

$$R_o = 2R_C \tag{3-8}$$

如前所述，差分放大电路能够放大差模信号，抑制共模信号。为了综合考虑其对差模信号的放大能力和对共模信号的抑制能力，通常用共模抑制比 K_{CMR} 来描述。

共模抑制比定义为放大电路的差模电压放大倍数与共模电压放大倍数之比的绝对值，即

$$K_{CMR} = \left| \frac{A_{ud}}{A_{uc}} \right| \tag{3-9}$$

K_{CMR} 越大，表明电路抑制共模信号能力越强。

共模抑制比一般常用分贝（dB）数来表示，即

$$K_{CMR} = 20 \lg \left| \frac{A_{ud}}{A_{uc}} \right| \tag{3-10}$$

在电路参数完全对称的理想情况下，$K_{CMR} = \infty$。实际上电路参数不可能完全对称，集成运放电路中 K_{CMR} 一般为 120~140dB。

（4）差分放大电路的4种接法　根据输入端和输出端接地情况不同，差分放大电路可以有4种接法，即双端输入双端输出、双端输入单端输出、单端输入双端输出和单端输入单端输出。在图3-6a中，输入端和输出端都没有接"地"，称为双端输入双端输出。下面介绍其他3种接法。

1）双端输入单端输出电路。图3-7为双端输入单端输出的差分放大电路。负载 R_L 的一端接 VT_1 的集电极，另一端接地，由于输出电压 u_o 与输入电压 u_i 反相，称为反相输出，若负载电阻 R_L 接于 VT_2 的集电极与地之间，信号由 VT_2 的集电极输出，这时输出 u_o 与输入电压 u_i 同相，称为同相输出。

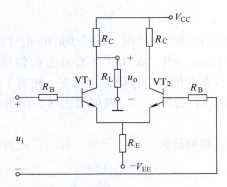

图 3-7　双端输入单端输出的差分放大电路

由于差分放大电路单端输出电压 u_o 仅为双端输出电压的一半，故单端输出电路的差模电压放大倍数为

$$A_{ud}(单端) = \frac{u_o}{u_i} = -\frac{1}{2}\beta \frac{R_C /\!/ R_L}{R_B + r_{be}} \tag{3-11}$$

单端输出时共模电压放大倍数为单端输出共模电压 u_{oc1}（或 u_{oc2}）与差分放大电路的共模输入电压 u_{ic} 之比，即

$$A_{uc}(单端) = \frac{u_{oc1}}{u_{ic}} = \frac{\beta(R_C /\!/ R_L)}{R_B + r_{be} + 2(1+\beta)R_E} \tag{3-12}$$

输入电阻 R_i 仍为 $2(R_B + r_{be})$。

输出电阻 $R_o = R_C$，是双端输出电路输出电阻的 1/2。

2)单端输入双端输出电路。图3-8所示为单端输入双端输出的差分放大电路,两个输入端一个接地,一个接输入信号u_i。差模输入电压就等于u_i。由此可见,差模电压放大倍数与输入端的连接方式无关,同理,差分放大电路的输入电阻、输出电阻以及共模抑制比也与输入端的连接方式无关,即单端输入双端输出电路的参数与双端输入双端输出完全相同。

3)单端输入单端输出电路。图3-9所示为单端输入单端输出的差分放大电路,常将不输出信号一边的集电极R_C省掉。该电路的静态工作点Q、差模电压放大倍数A_{ud}、共模电压放大倍数A_{uc}、输入电阻R_i、输出电阻R_o与双端输入单端输出电路相同。

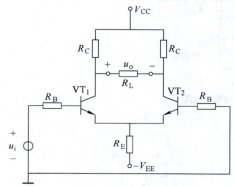

图3-8 单端输入双端输出的差分放大电路

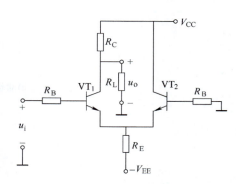

图3-9 单端输入单端输出的差分放大电路

5. 差分放大电路的改进

由式(3-12)可知,增加发射极电阻R_E可以减小共模电压放大倍数A_{uc},提高共模抑制比K_{CMR}。将R_E阻值提高时,要使静态工作点不变,必须使V_{EE}也要相应提高。但是在集成电路中不易制作阻值高的电阻,另外,过高的电源电压对于小信号放大电路也不合适。图3-10a所示带恒流源的差分放大电路可以解决上述矛盾。

图3-10a中,设$u_{BE3} = U_D$,则VT$_3$的集电极静态电流为

$$I_{C3} = \frac{U_{RE3}}{R_{E3}} = \frac{U_{RB32}}{R_{E3}} = \frac{R_{B32}}{R_{E3}(R_{B31} + R_{B32})}(V_{EE} - U_D) \quad (3\text{-}13)$$

$$I_{C1} = I_{C2} \approx \frac{1}{2}I_{C3} \quad (3\text{-}14)$$

$$I_{B3} = \frac{I_{C3}}{\beta_3} \quad (3\text{-}15)$$

如图3-10b所示,由于VT$_3$的静态工作点I_{B3}固定不变,Δi_{c3}变化很小,Δu_{ce3}变化很大。故VT$_3$的动态电阻$r_{ce3} = \left.\dfrac{\Delta u_{ce3}}{\Delta i_{c3}}\right|_{U_{CE3}>1V}$很大,使恒流源动态电阻很高,可达几兆欧。

恒流源电路可以用一个恒流源符号来取代,其电路如图3-10c所示。由恒流源的特性可知,它的交流等效电阻很大而直流压降却不大,这样可以提高共模抑制比,在集成电路中广泛应用。

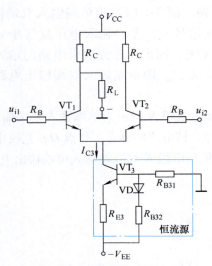

a) 带恒流源的差分放大电路

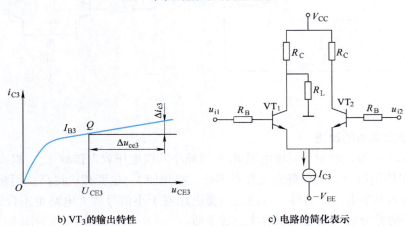

b) VT$_3$的输出特性　　　　　c) 电路的简化表示

图 3-10　差分放大电路的改进

3.3.2　集成运放的基本知识

1. 概述

采用专门的制造工艺，将晶体管、场效应晶体管、二极管、电阻和电容等元器件，以及它们组成的完整电路制作在一块半导体硅基片上，使之具有特定的功能，称为**集成电路**。集成运算放大电路是一种高增益、高输入电阻的多级直接耦合放大电路，最初多用于模拟信号的运算，如比例、求和、求差、积分、微分等，故称为**集成运算放大电路**，简称**集成运放**。目前，集成运放广泛应用于模拟信号的处理、测量以及波形产生电路之中，因其性能高、价位低，在大多数情况下，已经取代了分立元器件构成的放大电路。

集成运放内部电路具有如下特点：

1) 集成运放均采用直接耦合方式。因为硅片上不宜制作大电容。

2) 集成运放一般采用差分放大电路作为输入级，采用恒流源作为偏置电路或有源负载。

3）由于制作不同形式的集成电路，只是所用掩膜不同，增加元器件并不增加制造工序，所以集成运放允许采用复杂的电路形式，以提高各方面性能。

4）由于集成运放内部不宜制作高阻值电阻，所以常用有源元器件，如晶体管、场效应晶体管取代电阻。

5）由于晶体管和场效应晶体管性能上有较大差异，所以在集成运放中常用复合形式，以得到各方面性能俱佳的效果。

2. 集成运放的基本结构

如图 3-11 所示，集成电路内部一般由 4 部分组成，包括差分输入级、中间电压放大级、输出级和偏置电路。

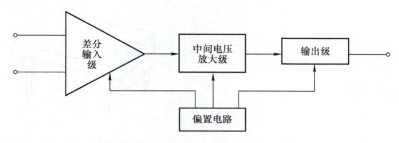

图 3-11　集成运算放大器内部组成原理框图

1）差分输入级。差分输入级又称前置级，对于高增益的直接耦合放大电路，减小零点漂移的关键在于输入级。所以集成运放的输入级往往是一个双端输入的高性能差分放大电路，一般要求其输入电阻高、共模抑制比高、静态电流小。

2）中间电压放大级。中间电压放大级的作用是提供足够大的电压放大倍数，一般采用带有恒流源负载的共发射极放大电路，其放大倍数可达几千倍以上。

3）输出级。输出级的作用是输出足够大的功率以满足负载的需要。输出级一般采用互补对称输出电路，具有输出功率大、线性范围宽、输出电阻小及非线性失真小等特点。

4）偏置电路。偏置电路的作用是设置集成运放各级放大电路的静态工作点。它采用各种电流源，为各级电路提供合适的静态工作电流。

3. 集成运放的符号和封装

集成运放的国际标准符号如图 3-12 所示。用一个方框表示集成运放，方框内有一个"▷"符号，表示信号的传输方向，"∞"表示理想条件下开环增益为无穷大。集成运放有两个输入端，用"+"和"-"来表示。"+"表示同相输入端，输入电压用"u_+"表示；"-"表示反相输入端，输入电压用"u_-"表示。输入端对边的"+"表示输出信号，用"u_o"表示。

图 3-13 为习惯画法的集成运放符号，用三角形来表示，三角形内部有一个大写字母 A。同样，用"+"表示同相输入端，输入电压为"u_+"；"-"表示反相输入端，输入电压为"u_-"。输入端对面顶点是电压输出端，输出电压用"u_o"表示。

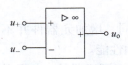
图 3-12　集成运放的国际标准符号

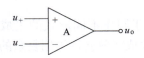
图 3-13　集成运放的习惯画法

常见的集成运放有两种封装形式，金属封装和双列直插式塑料封装。图 3-14 所示为金属封装的集成运放，以管键为辨认标志，由器件顶上向下看，管键朝着自己，管键右方第一个引脚为 1，然后逆时针数过来，引脚数依次递增。图 3-15 所示为双列直插式塑料封装的集成运放，它以缺口作为标记，将器件正对着自己，缺口朝左，左下方第一根引脚为 1，然后逆时针围绕器件，可依次数出其余各引脚。

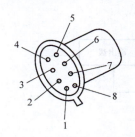
图 3-14　金属封装的集成运放

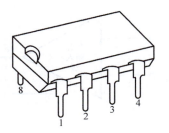
图 3-15　双列直插式塑料封装的集成运放

4. 集成运放的性能指标

集成运放的性能指标是评价集成运放优劣的依据，常用以下参数来描述。

（1）开环差模增益 A_{uo}　集成运放在无外加反馈时，输出电压与差模输入信号的比值，称为**开环差模增益**，用 A_{uo} 表示。它体现了集成运放对差模信号的放大能力，一般用分贝数 $20\lg|A_{uo}|$ 来表示，可高达 140dB。

（2）共模抑制比 K_{CMR}　共模抑制比等于差模电压放大倍数与共模电压放大倍数比值的绝对值，也常用分贝来表示，其值为 $20\lg K_{CMR}$。K_{CMR} 用来综合衡量集成运放对差模信号的放大能力和对共模信号的抑制能力，一般在 80dB 以上。

（3）差模输入电阻 r_{id}　其含义为差模输入且集成运放无外加反馈时的输入电阻，一般在几十千欧到几十兆欧范围内。r_{id} 越大，从信号源索取的电流越小。

（4）输入失调电压 U_{io} 及其温漂 dU_{io}/dT　由于集成运放的输入级电路参数不可能完全对称，从而当输入电压为零时，输出电压 u_o 并不为零。U_{io} 是使输出电压为零时在输入端所加的补偿电压。U_{io} 是表征电路参数对称性的参数，U_{io} 越小，表明电路参数对称性越好。对于有外接调零电阻的运放，可以通过改变外接电阻的阻值，使集成运放的输入为零时，输出电压也为零。

U_{io} 会随着温度的变化而变化，用失调电压温漂 dU_{io}/dT 来描述温度对 U_{io} 的影响，其值越小，运放的温漂就越小。

（5）输入失调电流 I_{io} 及其温漂 dI_{io}/dT　当输入电压为零时，两输入端静态电流之差称为输入失调电流 I_{io}，即 $I_{io}=|I_{B1}-I_{B2}|$。输入失调电流反映差分输入级电流的不对称度。

I_{io} 也会随着温度的变化而变化，用失调电流温漂 dI_{io}/dT 来描述温度对 I_{io} 的影响，其值越小，运放的质量越好。

（6）输入偏置电流 I_{iB}　输入偏置电流是指输入端静态电流的平均值，即

$$I_{iB} = \frac{1}{2}(I_{B1} + I_{B2})$$

一般来说，I_{iB} 越小，信号源内阻对集成运放静态工作点的影响也就越小。

（7）最大共模输入电压 U_{icmax}　U_{icmax} 为在输入级能正常工作的情况下，允许输入的最大共模输入信号。如果共模成分超过一定限度，则输入级将进入非线性区工作，不能放大差模信号。

（8）最大差模输入电压 U_{idmax}　U_{idmax} 为能安全地加在两个输入端之间的最大差模电压。当输入电压大于此值时，输入级将损坏。

（9）-3dB 带宽 BW　其值为使 A_{uo} 下降 3dB（即 0.707 倍）时的信号频率。

（10）单位增益带宽 BW_G　A_{uo} 下降到 0dB（即 $A_{uo} = 1$）时的信号频率即为单位增益带宽。

（11）转换速率 S_R　转换速率 S_R 表示集成运放对信号变化速度的适应能力，是衡量运放在大幅值信号作用时工作速度的参数。用每微秒内电压变化的程度表示转换速率 S_R。

特别指出，在近似分析集成运放构成的电路时，常常把集成运放理想化，认为：

1）开环差模增益 $A_{uo} = \infty$。
2）共模抑制比 $K_{CMR} = \infty$。
3）差模输入电阻 $r_{id} = \infty$。
4）输出电阻 $R_o = 0$。
5）输入失调电压 $U_{io} = 0$，$dU_{io}/dT = 0$。
6）输入失调电流 $I_{io} = 0$，$dI_{io}/dT = 0$。
7）-3dB 带宽 $BW = \infty$。

5. 集成运放的电压传输特性

（1）电压传输特性　集成运放的输出电压与两个输入端之间的差模电压 $u_{id} = (u_+ - u_-)$ 之间的关系曲线称为<u>电压传输特性</u>，如图 3-16 所示。

集成运放的输出电压与输入电压的关系描述如下：

$$u_o = A_{uo}u_{id} = A_{uo}(u_+ - u_-) \quad (3-16)$$

一般集成运放的 A_{uo} 都很大，而其输出电压是有限的，在 U_{oM} 和 $-U_{oM}$ 之间。因此，只有在差分输入信号 $u_{id} = (u_+ - u_-)$ 很小时，集成运放工作在电压放大状态（称为<u>线性区</u>），如图 3-16 中的 AOB 段所示。在理想情况下，因开环差模增益 $A_{uo} = \infty$，所以，线性区的宽度趋近于零，AOB 段与纵轴重合。当差模输入电压稍大一些，集成运放输出电压就会饱和，进入非线性区，如图 3-16 中的 AC 和 BD 段所示。

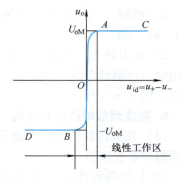

图 3-16　集成运放的电压传输特性

（2）工作在线性区的集成运放　如图 3-17 所示，当集成运放的反相输入端和输出端有通路时（即引入负反馈），使电路具有深度负反馈的特点，可以扩大集成运放的线性区。

对于工作在线性区的集成运放，有以下两个重要的特点：

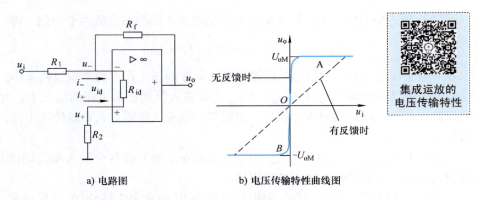

a) 电路图 b) 电压传输特性曲线图

图 3-17　利用负反馈扩大集成运放线性区

1) 虚短。由于理想运放的开环差模增益 $A_{uo} = \infty$，而输出电压是有限的，则 $u_{id} = u_+ - u_- = 0$。即同相输入端与反相输入端的电位近似相等，但又不是真正的短路，我们把这种现象称为<u>虚短</u>。

2) 虚断。因为差模输入电阻 $r_{id} = \infty$，输入偏置电流 $I_{iB} = 0$，所以集成运放的两个输入端电流为零，即 $i_+ = i_- = 0$，两个输入端相当于断路，但又没有真正断开，我们把这种现象称为<u>虚断</u>。

(3) 工作在非线性区的集成运放　当集成运放的输出电压达到最高值时，加大差模输入电压 $u_{id} = u_+ - u_-$，输出电压 u_o 不再发生变化，集成运放工作在非线性区。集成运放工作在非线性区的条件是：集成运放处于开环状态（即未引入反馈），或运放的同相输入端和输出端有通路（即正反馈），如图 3-18 所示。

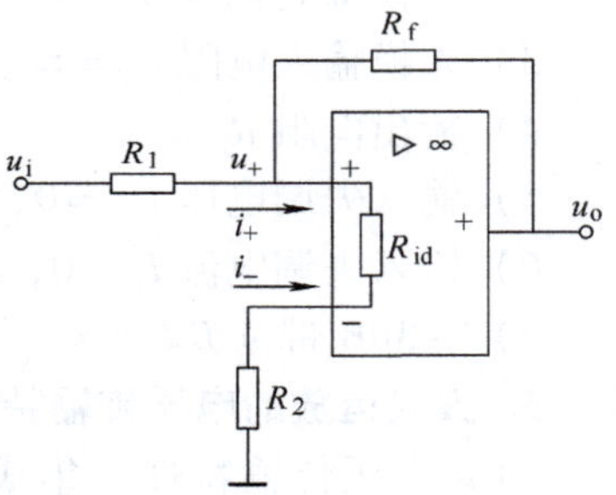

工作在非线性区的集成运放有以下特点：

1) 虚断。工作在非线性区的集成运放存在虚断现象，即 $i_+ = i_- = 0$。

图 3-18　集成运放工作在非线性区

2) 输出状态。当 $u_{id} = (u_+ - u_-) > 0$，即 $u_+ > u_-$ 时，输出电压达到最高值，即 $u_o = U_{oM}$；当 $u_{id} = (u_+ - u_-) < 0$，即 $u_+ < u_-$ 时，输出电压达到最低值，即 $u_o = -U_{oM}$。

6. 集成运放的选择和使用

(1) 集成运放的选择　通常情况下，在设计集成运放应用电路时，主要根据以下几个方面的要求去选择。

1) 信号源的性质。根据信号源是电压源还是电流源、内阻大小、输入信号的幅值及频率的变化范围等，选择集成运放的差模输入电阻 r_{id}、-3dB 带宽 BW、转换速率 S_R 等指标参数。

2) 负载的性质。根据负载电阻的大小，确定所需集成运放的输出电压和输出电流的幅值。对于容性或感性负载，还要考虑它们对频率参数的影响。

3) 精度要求。对模拟信号的处理，如放大和运算等，往往突出精度要求；如电压比较，往往提出响应时间和灵敏度要求。根据这些要求选择集成运放的开环差模增益 A_{uo}、输入失调电压 U_{io}、输入失调电流 I_{io} 及转换速率 S_R 等指标参数。

4）环境条件。根据环境温度的变化范围，可正确选择集成运放的失调电压及失调电流的温漂 dU_{io}/dT、dI_{io}/dT 等参数；根据所能提供的电源选择运放的电源电压；根据对功耗有无限制，选择运放的功耗等。

根据上述分析就可以通过查阅手册等手段选择某一型号的集成运放了，必要时还可以通过各种 EDA 软件进行仿真，最终确定满意的芯片。

（2）集成运放的使用　使用集成运放时，要做到以下几点：

1）必须了解集成运放的引脚及其功能。使用集成运放前必须查阅相关手册，辨认引脚，清楚每一引脚的功能和注意事项，以便正确连线和使用。

2）参数测量。使用集成运放之前往往要检测其好坏，如用万用表测电阻（使用指针式万用表时，选用 $R×100$ 档或 $R×1k$ 档），对引脚测试有无短路和断路现象。必要时还可采用测试设备测量集成运放的主要参数。

3）调零或调整偏置电压。由于失调电压及失调电流的存在，输入为零时往往输出不为零。对于内部无自动稳零功能的集成运放，需要外接调零电路，使之在零输入时输出为零。对于单电源供电的集成运放，有时还需在输入端加直流偏置电压，设置合适的静态输出电压，以便能放大正、负两个方向的变化信号。

4）消除自激振荡。目前大多数集成运放内部电路已经设置具有消振的补偿网络。但有的集成运放为防止电路产生自激振荡，需外接补偿网络，并注意接入合适容量的电容。

7. 集成运放的保护

集成运放在使用中常因以下 3 种原因被损坏：输入信号过大，使 PN 结击穿；电源电压极性接反或过高；输出端直接接"地"或接电源，此时，集成运放将因输出级功耗过大而损坏。因此，为了使集成运放安全工作，必须采取保护措施。

1）输入保护。一般情况下，集成运放工作在开环状态时，易因差模电压过大而损坏；在闭环状态时，易因共模电压超出极限值而损坏。图 3-19a 所示是防止差模电压过大的输入保护电路，图 3-19b 是防止共模电压过大的输入保护电路。

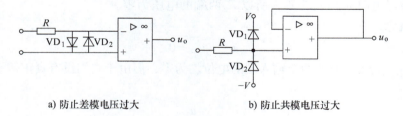

a）防止差模电压过大　　　　　b）防止共模电压过大

图 3-19　输入保护电路

2）输出端保护。图 3-20 所示为输出端保护电路，限流电阻 R 与稳压管 VS 构成限幅电路，它一方面将负载与集成运放的输出端隔离开来，限制了运放的输出电流，另一方面也限制了输出电压的幅值。当然，任何保护措施都是有限度的，若将输出端直接接电源，则稳压管会损坏，使电路的输出电阻大大提高，影响了电路的性能。

3）电源端保护。为了防止电源极性接反，可利用二极管单向导电性，在电源端串联二极管来实现保护，如图 3-21 所示。

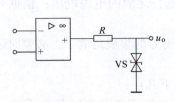
图 3-20　输出端保护电路

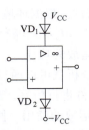
图 3-21　电源端保护电路

3.3.3　基本运算电路

集成运放最初用于模拟信号的运算，输出信号反映输入信号的某种运算结果。集成运放外接电阻、电容等元件，可构成基本运算电路。常见的基本运算电路有比例运算电路、加减运算电路、积分与微分运算电路等。

集成运放用于运算电路时，必须工作在线性区，可以用虚短和虚断的特点分析电路。

1. 比例运算电路

（1）反相比例运算电路　图 3-22 所示电路为反相比例运算电路。输入 u_i 通过电阻 R_1 作用于集成运放的反相输入端，电阻 R_f 跨接在集成运放的输出端和反相输入端，引入了电压并联负反馈。同相输入端通过电阻 R_2 接地，R_2 为平衡电阻，用以保证集成运放输入级差分放大电路的对称性，使同相输入端和反相输入端对地的静态电阻相等，$R_2 = R_1 // R_f$。

由于理想运放工作在线性区，根据虚断的概念，有

$$i_+ = i_- = 0$$

那么，流经电阻 R_2 电流为零，所以 R_2 两端的电压为零。根据虚短的概念，有

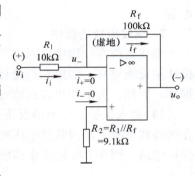
图 3-22　反相比例运算电路

$$u_+ = u_- = 0$$

上式表明，集成运放的两个输入端的电位均为零，但由于它们没有真正接地，故称之为<u>虚地</u>。因此

$$i_i = \frac{u_i}{R_1}$$

$$i_f = \frac{0 - u_o}{R_f} = \frac{-u_o}{R_f}$$

又根据虚断的概念，有

$$i_i \approx i_f$$

所以

$$i_i = \frac{u_i}{R_1} = i_f = \frac{-u_o}{R_f}$$

得

$$u_o = -\frac{R_f}{R_1}u_i \tag{3-17}$$

式(3-17)表明输出电压 u_o 和输入电压 u_i 满足比例关系，式中的负号表示输出电压与输入电压的相位相反。电压放大倍数为

$$A_{uf} = \frac{u_o}{u_i} = -\frac{R_f}{R_1} \tag{3-18}$$

根据图 3-22 中所示参数得

$$A_{uf} = -\frac{R_f}{R_1} = -\frac{100}{10} = -10$$

输出电压为

$$u_o = A_{uf}u_i = -10u_i$$

当 $R_1 = R_f = R$ 时，$u_o = -u_i$，即输入电压与输出电压大小相等、相位相反，称为<u>反相器</u>。

(2) 同相比例运算电路　图 3-23 所示电路为同相比例运算电路。输入 u_i 通过电阻 R_2 作用于集成运放的同相输入端，电阻 R_f 跨接在集成运放的输出端和反相输入端，引入了电压串联负反馈。同相输入端的 R_2 是平衡电阻，其作用也是用来保证集成运放输入级差分放大电路的对称性，$R_2 = R_1 /\!/ R_f$。

根据虚断和虚短的概念，有

$$u_- = u_+ = u_i$$

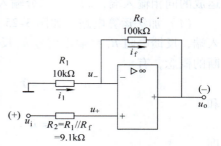

图 3-23　同相比例运算电路

因为 $i_1 = i_f$，所以

$$\frac{u_-}{R_1} = \frac{u_o - u_-}{R_f}$$

故

$$\frac{u_i}{R_1} = \frac{u_o - u_i}{R_f}$$

可得

$$u_o = \left(1 + \frac{R_f}{R_1}\right)u_i \tag{3-19}$$

由此可见，输出电压与输入电压同相，并随输入电压呈正比例变化关系，电压放大倍数为

$$A_{uf} = \frac{u_o}{u_i} = 1 + \frac{R_f}{R_1} \tag{3-20}$$

根据图 3-23 中参数得

$$u_o = \left(1 + \frac{R_f}{R_1}\right)u_i = \left(1 + \frac{100}{10}\right)u_i = 11u_i$$

即

$$A_{uf} = 11$$

当电路中去掉 R_1，如图 3-24a 所示，即式(3-20)中 $R_1 = \infty$。输出 $u_o = u_i$，称该电路为电压跟随器，图中 R_f 支路也可用短路连接取代，如图 3-24b 所示。

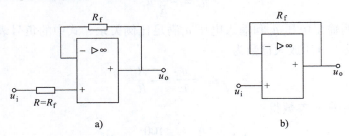

图 3-24 电压跟随器

2. 加减运算电路

实现多个输入信号按各自不同的比例求和或求差的电路统称为加减运算电路。若所有输入信号都从集成运放的同一个输入端引入，则实现加法运算；若一部分输入信号作用于集成运放的同相输入端，而另一部分输入信号作用于反相输入端，则实现减法运算。

（1）加法运算电路 如图 3-25 所示，两个输入信号 u_{i1} 和 u_{i2} 作用于集成运放的反相输入端，反馈电阻 R_f 将输出信号 u_o 反馈回反相输入端，构成电压并联负反馈。根据虚短和虚断的概念，有

$$u_+ = u_- = 0$$

和

$$i_1 + i_2 = i_f$$

即

$$\frac{u_{i1}}{R_1} + \frac{u_{i2}}{R_2} = -\frac{u_o}{R_f}$$

所以输出电压 u_o 的表达式为

$$u_o = -R_f\left(\frac{u_{i1}}{R_1} + \frac{u_{i2}}{R_2}\right) \qquad (3-21)$$

可见，该电路将输入信号 u_{i1} 和 u_{i2} 按比例折算，并进行加法运算。

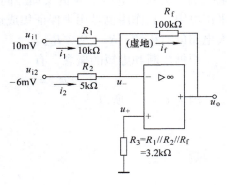

图 3-25 加法运算电路

对于多输入的电路，除了用上述方法求解运算关系，还可利用叠加原理，先分别求出各输入电压单独作用时的输出电压，然后将它们相加，便得到所有信号共同作用时输出电压与输入电压的运算关系。

设 u_{i1} 单独作用，此时应将 u_{i2} 接地，由于电阻 R_2 的一端是地，一端是虚地。因此流经电阻 R_2 的电流为零。

$$u_{o1} = -\frac{R_f}{R_1}u_{i1}$$

用同样的方法，可以求出 u_{i2} 单独作用时的输出，即

$$u_{o2} = -\frac{R_f}{R_2}u_{i2}$$

当 u_{i1} 和 u_{i2} 同时作用时，则将 u_{o1} 和 u_{o2} 叠加，有

$$u_o = -R_f\left(\frac{u_{i1}}{R_1} + \frac{u_{i2}}{R_2}\right)$$

因此，电路实现反相比例运算。

根据图 3-25 中参数，有

$$u_o = -100 \times \left(\frac{10}{10} + \frac{-6}{5}\right)\text{mV} = 20\text{mV}$$

当 $R_1 = R_2 = R$ 时，有

$$u_o = -\frac{R_f}{R}(u_{i1} + u_{i2}) \tag{3-22}$$

（2）减法运算电路　图 3-26 所示为减法运算电路，两个输入信号 u_{i1} 和 u_{i2} 分别作用于集成运放的反相输入端和同相输入端，反馈电阻 R_f 将输出电压 u_o 反馈到反相输入端。

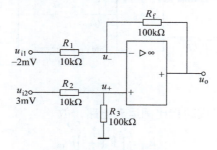

图 3-26　减法运算电路

根据虚断的概念，流经电阻 R_1 的电流大小等于流经电阻 R_f 的电流，即

$$\frac{u_{i1} - u_-}{R_1} = \frac{u_{i1} - u_o}{R_1 + R_f}$$

则

$$u_- = u_{i1} - \frac{u_{i1} - u_o}{R_1 + R_f}R_1$$

根据虚断和电路的分压原理，有

$$u_+ = \frac{R_3}{R_2 + R_3}u_{i2}$$

根据虚短的概念，有 $u_- = u_+$，即

$$u_{i1} - \frac{u_{i1} - u_o}{R_1 + R_f}R_1 = \frac{R_3}{R_2 + R_3}u_{i2}$$

得

$$u_o = \left(-\frac{R_f}{R_1}\right)u_{i1} + \left(1 + \frac{R_f}{R_1}\right)\left(\frac{R_3}{R_2 + R_3}\right)u_{i2} \tag{3-23}$$

若 $R_1 = R_2$，并且 $R_f = R_3$，则

$$u_o = -\frac{R_f}{R_1}(u_{i1} - u_{i2}) \tag{3-24}$$

根据图 3-26 中参数，有

$$u_o = -\frac{100}{10}(-2 - 3)\text{mV} = 50\text{mV}$$

当 $R_1 = R_2 = R_f = R_3$ 时，有

$$u_o = -(u_{i1} - u_{i2}) \qquad (3\text{-}25)$$

由式(3-24)和式(3-25)可见，输出电压与两个输入电压的差值成正比，实现了减法运算。即该电路是对输入端的差模输入电压进行放大，因此又称"差分运算电路"。由于虚短，$u_- = u_+ = \dfrac{R_3}{R_2 + R_3} u_{i2}$，因此差分运算电路也存在共模输入电压。

【例 3-1】 写出图 3-27 所示二级运算电路的输入、输出关系。

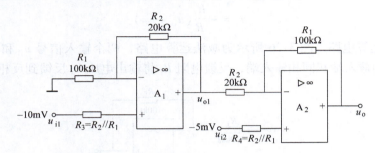

图 3-27　二级运算电路

【解】 图 3-27 中，A_1 组成同相比例运算电路，故

$$u_{o1} = \left(1 + \frac{R_2}{R_1}\right) u_{i1}$$

由于理想运放输出阻抗 $R_o = 0$，故前级输出电压即为后级输入电压，由 A_2 组成差分放大电路的两个输入信号分别为 u_{o1} 和 u_{i2}。根据叠加原理，输出电压 u_o 为

$$u_o = -\frac{R_1}{R_2} u_{o1} + \left(1 + \frac{R_1}{R_2}\right) u_{i2}$$

$$= -\frac{R_1}{R_2} \left(1 + \frac{R_2}{R_1}\right) u_{i1} + \left(1 + \frac{R_1}{R_2}\right) u_{i2}$$

$$= \left(1 + \frac{R_1}{R_2}\right) (u_{i2} - u_{i1})$$

根据图 3-27 中参数可得

$$u_o = \left(1 + \frac{R_1}{R_2}\right)(u_{i2} - u_{i1}) = \left(1 + \frac{100}{20}\right)(-5 + 10)\,\text{mV} = 30\,\text{mV}$$

3. 积分与微分运算电路

（1）积分运算电路　图 3-28 所示为积分运算电路，电容 C 连接在集成运放的输出端和反相输入端之间。由于集成运放的同相输入端通过 R' 接地，$u_+ = u_- = 0$，为虚地。电路中，电容 C 中电流等于电阻 R 中的电流，即

$$i_C = i_R = \frac{u_i}{R}$$

输出电压与电容上电压的关系为

$$u_o = -u_C$$

而电容上电压等于其电流的积分，故

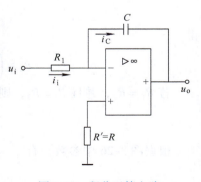

图 3-28　积分运算电路

$$u_o = -\frac{1}{C}\int i_C dt = -\frac{1}{RC}\int u_i dt \tag{3-26}$$

求解 t_1 到 t_2 时间段的积分值

$$u_o = -\frac{1}{RC}\int_{t_1}^{t_2} u_i dt + u_o(t_1) \tag{3-27}$$

式中，$u_o(t_1)$ 为积分起始时刻的输出电压。当 u_i 为常量时，可得

$$u_o = -\frac{u_i}{RC}(t_2 - t_1) + u_o(t_1) \tag{3-28}$$

当输入电压为阶跃信号时，若 t_1 时刻电容上的电压为零，则输出电压先反向增长，直到 $u_o = -U_{oM}$，如图 3-29a 所示。当输入为方波和正弦波时，输出电压波形分别如图 3-29b、c 所示。

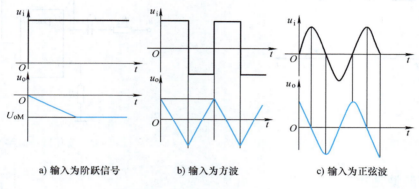

a) 输入为阶跃信号　　b) 输入为方波　　c) 输入为正弦波

图 3-29　积分电路的输入、输出波形

积分电路应用很广，除了积分运算，还可用于方波-三角波变换电路、示波器显示和扫描电路、模-数转换电路和波形发生器电路等。

（2）微分运算电路　将图 3-28 所示积分电路中的电阻 R 和电容 C 位置互换，就得到了基本微分运算电路，如图 3-30 所示。

根据虚地和虚断的原则，$u_+ = u_- = 0$，为虚地，电容两端电压 $u_C = u_i$，因而

$$i_R = i_C = C\frac{du_i}{dt}$$

输出电压

$$u_o = -i_R R = -RC\frac{du_i}{dt} \tag{3-29}$$

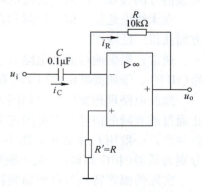

图 3-30　微分运算电路

输出电压与输入电压的变化率成正比。

当微分电路输入信号如图 3-31 所示时，输出电压 u_o 在 u_i 发生突变时出现尖脉冲波形电压。尖脉冲的幅度与 RC 的大小和 u_i 的变化率有关，但最大值受运放输出饱和电压 U_{oM} 和 $-U_{oM}$ 的限制，当 u_i 不变时，输出为零，并维持不变。

由于基本微分电路的输出电压与输入电压的变化率成正比，因此输出电压对输入信号的变化十分敏感，尤其是对高频干扰和噪声信号，电路的抗干扰性能较差。因此，常采用

图 3-32 所示的实用微分电路，电路中增加 R_2 和 C_2。在正常工作频率范围内，使 $R_2 \ll \dfrac{1}{\omega C_1}$，$R_1 \ll \dfrac{1}{\omega C_2}$，图 3-32 即为基本微分电路，而在高频情况下，上述关系不存在，使高频时电压放大倍数下降，从而抑制了干扰。

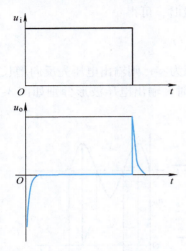

图 3-31　微分电路的输入、输出波形

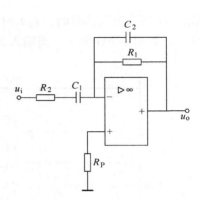

图 3-32　实用微分电路

3.3.4　有源滤波电路

1. 基本概念

有源滤波电路基本概念

滤波电路的功能是从输入信号中选出某一频率段有用频率的信号，使其顺利通过，而将无用或干扰频率段的信号加以抑制，起衰减作用。这里指的信号均为正弦波，而非正弦波信号均可分解成由基波及高次谐波的正弦波信号的叠加，能通过滤波电路的只是其中一部分有用频率的正弦波信号。

在无线电通信、信号检测和自动控制中，滤波电路在信号处理、数据传输和干扰抑制等方面获得广泛应用。

通常，根据通过滤波电路信号的频率范围，将其分为低通滤波电路(LPF)、高通滤波电路(HPF)、带通滤波电路(BPF)和带阻滤波电路(BEF)。

滤波电路理想幅频特性如图 3-33 所示。把能够通过的信号频率范围定义为通带，把阻止通过或衰减的信号频率范围定义为阻带。而通带与阻带的分界点的频率称为<u>截止频率</u>或<u>转折频率</u>，一般用 f_P 来表示。图 3-33 中，A_{up} 为通带的电压放大倍数，f_0 为<u>中心频率</u>，f_H 和 f_L 分别为低通(相应高频区)截止频率和高通(相应低频区)截止频率。

实际的幅频特性与理想幅频特性存在一定差距，越接近理想幅频特性的滤波电路，其滤波性能越好。

若滤波电路仅由无源元件，如电阻、电容、电感等组成，则称为<u>无源滤波电路</u>。若滤波电路不仅由无源元件，还由有源器件，如晶体管、场效应晶体管、集成运放等组成，则称为<u>有源滤波电路</u>。

图 3-34a 所示为 RC 低通滤波电路的电路图。该电路的电压放大倍数为

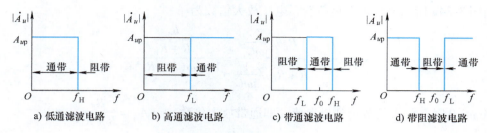

图 3-33 滤波电路理想幅频特性

a) 低通滤波电路　b) 高通滤波电路　c) 带通滤波电路　d) 带阻滤波电路

$$\dot{A}_u = \frac{\dot{U}_o}{\dot{U}_i} = \frac{\dfrac{1}{j\omega C}}{R + \dfrac{1}{j\omega C}} = \frac{1}{1 + j\omega RC} \tag{3-30}$$

当 $\omega = 0$ 时，放大倍数达到最大值，即通带放大倍数 $\dot{A}_u = \dot{A}_{up} = 1$。

令 $f_n = \dfrac{1}{2\pi\tau} = \dfrac{1}{2\pi RC}$，$f_n$ 称为**特征频率**，则式(3-30)可变换为

$$\dot{A}_u = \frac{1}{1 + j\dfrac{f}{f_n}} = \frac{\dot{A}_{up}}{1 + j\dfrac{f}{f_n}} \tag{3-31}$$

其模为 $|\dot{A}_u| = \dfrac{|\dot{A}_{up}|}{\sqrt{1 + \left(\dfrac{f}{f_n}\right)^2}}$，用分贝数表示为

$$20\lg|\dot{A}_u| = 20\lg|\dot{A}_{up}| - 20\lg\sqrt{1 + \left(\dfrac{f}{f_n}\right)^2} \tag{3-32}$$

当 $f \ll f_n$ 时，$20\lg|\dot{A}_u| \approx 20\lg|\dot{A}_{up}|$，其电压放大倍数为通带电压放大倍数 $\dot{A}_{up}$。

当 $f = f_n$ 时，有 $|\dot{A}_u| = \dfrac{|\dot{A}_{up}|}{\sqrt{2}} \approx 0.707|\dot{A}_{up}|$，即 $20\lg|\dot{A}_u| \approx 20\lg|\dot{A}_{up}| - 3\text{dB}$，频率特性下降3dB，所以**低通截止频率** f_H（即转折频率 f_p）等于**特征频率** f_n。

当 $f \gg f_n$ 时，$|\dot{A}_u| \approx \dfrac{f_n}{f}|\dot{A}_{up}|$，$20\lg|\dot{A}_u| \approx 20\lg|\dot{A}_{up}| - 20\lg\dfrac{f}{f_n}$。电压放大倍数以斜率为 $-20\text{dB}/10$ 倍频衰减。

根据以上分析，电路的幅频特性如图 3-34b 所示。

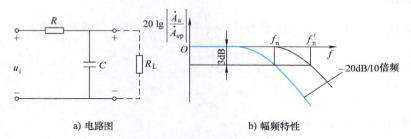

a) 电路图　b) 幅频特性

图 3-34 RC 低通滤波电路

当图 3-34a 所示电路带上负载后,电压放大倍数为

$$\dot{A}_u = \frac{\dot{U}_o}{\dot{U}_i} = \frac{R_L /\!/ \frac{1}{j\omega C}}{R + R_L /\!/ \frac{1}{j\omega C}} = \frac{\frac{R_L}{R+R_L}}{1+j\omega(R /\!/ R_L)C} \tag{3-33}$$

当 $\omega = 0$ 时,放大倍数达到最大值,即通带放大倍数 $\dot{A}_u = \dot{A}_{up} = \dfrac{R_L}{R+R_L}$,故

$$\dot{A}_u = \frac{\dot{A}_{up}}{1+j\dfrac{f}{f_n'}} \tag{3-34}$$

式中,$f_n' = \dfrac{1}{2\pi(R /\!/ R_L)C}$。

由此可见,带负载后,通带放大倍数的数值减小、通带截止频率升高。无源滤波电路的通带放大倍数及其截止频率都会随负载变化而变化,这一缺点常常不符合信号处理的要求,因而产生有源滤波电路,一般在无源滤波电路和负载之间加一个高输入阻抗、低输出阻抗的隔离电路,使电压放大倍数不随负载变化而变化。

有源滤波电路一般由 RC 网络和集成运放组成,因而必须在合适的直流电源供电的情况下才能起滤波作用,同时还可以进行信号放大。有源滤波电路不适合高电压、大电流的负载,只适用于信号处理,一般使用频率在几千赫以下,而当频率高于几千赫时,常采用 LC 无源滤波电路。

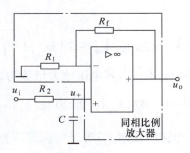

有源低通和有源高通滤波电路

图 3-35 同相输入一阶有源低通滤波电路

2. 低通滤波电路(LPF)

(1) 一阶低通滤波电路 图 3-35 是用简单 RC 低通电路与同相比例运算电路组成的同相输入一阶有源低通滤波电路。

同相比例放大器的电压放大倍数为 $\dot{A}_{up} = \dfrac{\dot{U}_o}{\dot{U}_+} = 1 + \dfrac{R_f}{R_1}$,$RC$ 低通网络有

$$\frac{\dot{U}_+}{\dot{U}_i} = \frac{\dfrac{1}{j\omega C}}{R_2 + \dfrac{1}{j\omega C}} = \frac{1}{1+j\omega R_2 C}$$

则滤波电路的电压放大倍数为

$$\dot{A}_u = \frac{\dot{U}_o}{\dot{U}_i} = \frac{\dot{U}_o}{\dot{U}_+} \cdot \frac{\dot{U}_+}{\dot{U}_i} = \frac{1}{1+j\omega R_2 C}\dot{A}_{up} \tag{3-35}$$

即电压放大倍数不随负载的变化而变化。

设 f 为外加正弦波信号的频率，令特征频率 $f_n = \dfrac{1}{2\pi\tau} = \dfrac{1}{2\pi R_2 C}$，则式（3-35）变换为

$$\frac{\dot{A}_u}{\dot{A}_{up}} = \frac{\dot{U}_+}{\dot{U}_i} = \frac{1}{1+\mathrm{j}\dfrac{f}{f_n}} \tag{3-36}$$

其模为 $\left|\dfrac{\dot{A}_u}{\dot{A}_{up}}\right| = \dfrac{1}{\sqrt{1+\left(\dfrac{f}{f_n}\right)^2}}$，用分贝数表示为

$$20\lg\left|\frac{\dot{A}_u}{\dot{A}_{up}}\right| = -20\lg\sqrt{1+\left(\frac{f}{f_n}\right)^2} \tag{3-37}$$

可见，一阶有源低通滤波电路的幅频特性与 RC 无源低通滤波电路相同，其理想幅频特性如图 3-36 中粗实线所示，实际幅频特性曲线如图中粗虚线所示，**转折频率** f_p 等于**特征频率** f_n。一阶有源低通滤波电路通带内具有增益 $\dot{A}_{up}$，同时，采用同相输入比例运算电路，可将实际负载 R_L 与无源 RC 滤波电路隔开，从而使 R_L 对滤波电路特性影响很小。

【**例 3-2**】 一阶有源低通滤波电路如图 3-37 所示。$R_1 = 10\mathrm{k}\Omega$，$R_f = 100\mathrm{k}\Omega$，输入的有用信号 $u_i = 50\mathrm{mV}$，信号频率为 30Hz，在其正弦波形上加有 500Hz、1mV 的干扰信号，为使干扰信号幅度缩减为有用信号的 1/500，试求输出的有用信号有多大，并确定低通电路的电阻 R 和电容 C 参数。

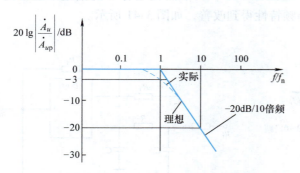

图 3-36 一阶有源低通滤波电路幅频特性

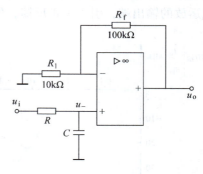

图 3-37 例 3-2 图

【**解**】 题中为同相比例放大电路组成的一阶 LPF。为使有用信号频率 30Hz 处于通带内，故取截止频率 $f_H = 50\mathrm{Hz}$，通带的电压放大倍数 $A_{up} = 1 + R_f/R_1 = 1 + 100/10 = 11$，故输出的有用信号为

$$u_o = A_{up}u_i = 11\times 50\mathrm{mV} = 550\mathrm{mV}$$

干扰信号频率 500Hz 是截止频率 50Hz 的 10 倍频，即衰减 20dB，$A_u = \dfrac{1}{10}A_{up} = 1.1$，因此干扰信号为 $u'_o = A_u\times 1\mathrm{mV} = 1.1\mathrm{mV}$，$u'_o$ 从绝对值而言比原先大，而占有用信号的比例为 1/500，得到了衰减。

根据下式选择电阻 R 和电容 C

$$f_H = \frac{1}{2\pi RC} = 50\mathrm{Hz}$$

选取 $C = 0.1\mu F$，则

$$R = \frac{1}{2\pi C f_H} = \frac{1}{2\pi \times 0.1 \times 10^{-6} \times 50}\Omega \approx 31.85\text{k}\Omega$$

可选取标称电阻 $R = 33\text{k}\Omega$，则实际 $f_H \approx 48\text{Hz}$。

（2）二阶低通滤波电路　一阶 LPF 的幅频特性衰减斜率为 $-20\text{dB}/10$ 倍频，与理想的低通滤波电路频率特性相差甚远。若在图 3-35 的基础上再增加一级 RC 低通网络，如图 3-38 所示，这样就构成二阶低通滤波电路，其衰减斜率可达 $-40\text{dB}/10$ 倍频，滤波效果比一阶滤波电路要好。

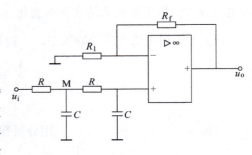

图 3-38　二阶低通滤波电路

$$\dot{A}_u = \frac{1}{1-\left(\frac{f}{f_n}\right)^2 + j3\frac{f}{f_n}}\dot{A}_{up} \tag{3-38}$$

$\dot{A}_{up} = \frac{\dot{U}_o}{\dot{U}_+} = 1 + \frac{R_f}{R_1}$，$f_n = \frac{1}{2\pi\tau} = \frac{1}{2\pi RC}$，可求得转折频率 $f_p \approx 0.37 f_n$。

其幅频特性如图 3-39 所示。

二阶低通滤波电路虽然衰减斜率达到了 $-40\text{dB}/10$ 倍频，但是 f_p 远离 f_n，若使 $f = f_n$ 附近的电压放大倍数数值增大，则可使 f_p 接近 f_n，滤波特性趋于理想，因此常采用图 3-40 所示的实用二阶有源低通滤波电路，称为**压控电压源 LPF**，M 点所接电容 C 的接地端改接到集成运放的输出端，引入了正反馈，使其幅频特性得到改善，如图 3-41 所示。

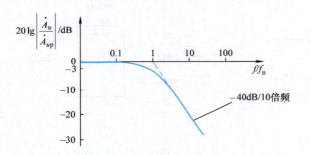

图 3-39　二阶低通滤波电路幅频特性

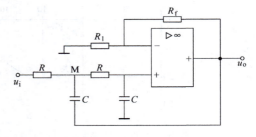

图 3-40　实用二阶有源低通滤波电路

电路的频率特性为

$$\dot{A}_u = \frac{\dot{U}_o}{\dot{U}_i} = \frac{\dot{A}_{up}}{1-\left(\frac{f}{f_n}\right)^2 + j\frac{1}{Q}\frac{f}{f_n}} \tag{3-39}$$

式中，$\dot{A}_{up}$ 为通带电压放大倍数。

$$\dot{A}_{up} = 1 + \frac{R_f}{R_1} \tag{3-40}$$

转折频率为

$$f_n = \frac{1}{2\pi RC} \tag{3-41}$$

等效品质因数为

$$Q = \frac{1}{3 - A_{up}} \quad (3-42)$$

要求 $A_{up} < 3$，电路才能正常工作。

3. 高通滤波电路（HPF）

高通滤波电路与低通滤波电路具有对偶性，如果将图 3-35 所示电路中滤波环节的电容和电阻位置互换，就得到了高通滤波电路。图 3-42 所示为一阶有源高通滤波电路及其幅频特性。

通带电压放大倍数为

$$\dot{A}_{up} = 1 + \frac{R_f}{R_1} \quad (3-43)$$

高通截止频率即特征频率为

$$f_L = f_n = \frac{1}{2\pi RC} \quad (3-44)$$

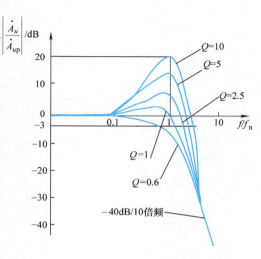

图 3-41 实用二阶有源低通滤波电路幅频特性

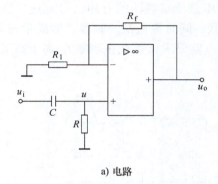

a) 电路

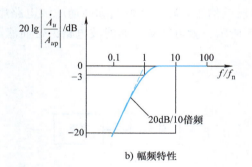

b) 幅频特性

图 3-42 一阶有源高通滤波电路及其幅频特性

将图 3-40 的电阻 R 和电容 C 位置互换，就构成了如图 3-43 所示的压控电压源二阶高通滤波电路。

电路的频率特性为

$$\dot{A}_u = \frac{A_{up}}{1 - \left(\frac{f_n}{f}\right)^2 - j\frac{1}{Q}\frac{f_n}{f}} \quad (3-45)$$

式中，$A_{up} = 1 + \frac{R_f}{R_1}$；$f_n = \frac{1}{2\pi RC}$；$Q = \frac{1}{3 - A_{up}}$。

要求 $A_{up} < 3$，电路才能正常工作。

压控电压源二阶高通滤波电路的对数幅频特性如图 3-44 所示。

为了使频率特性更接近理想特性，可用相同的两级二阶高通滤波电路串联成四阶高通滤波电路，其阻带斜率为 80dB/10 倍频。

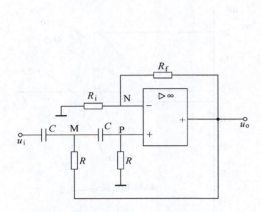
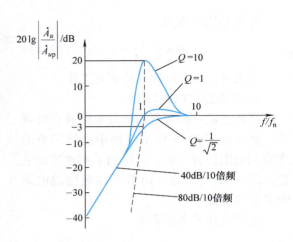

图 3-43　压控电压源二阶高通滤波电路　　　　图 3-44　压控电压源二阶高通滤波电路的对数幅频特性

4. 带通滤波电路和带阻滤波电路

将低通滤波电路和高通滤波电路进行适当组合，即可得到带通和带阻滤波电路。

（1）带通滤波电路（BPF）　带通滤波电路的作用是使某频段的有用信号通过，高于或低于该频段的信号衰减。将低通和高通滤波电路串联，同时覆盖某一频段，形成带通频段，如图 3-45 所示，就可得到带通滤波电路，带通滤波电路要求低通截止频率 f_H 高于高通截止频率 f_L。

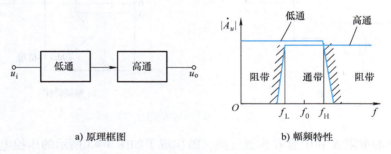

a) 原理框图　　　　　　　　　　　b) 幅频特性

图 3-45　带通滤波电路构成

实用电路中通常采用单个集成运放构成的压控电压源二阶带通滤波电路，如图 3-46 所示。

带通滤波电路的频率特性为

$$\dot{A}_u = \frac{\dot{A}_{up}}{1 + jQ\left(\dfrac{f}{f_0} - \dfrac{f_0}{f}\right)} \quad (3\text{-}46)$$

式中，Q 为带通滤波电路的品质因数。

$$Q = \frac{1}{3 - A_{uf}} \quad (3\text{-}47)$$

式中，$A_{uf} = 1 + \dfrac{R_f}{R_1}$，同样要求 $A_{uf} < 3$，电

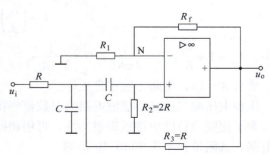

图 3-46　压控电压源二阶带通滤波电路

路才能稳定工作。

中心频率为

$$f_0 = \frac{1}{2\pi RC} \qquad (3\text{-}48)$$

通带电压放大倍数为

$$A_{up} = \frac{A_{uf}}{3 - A_{uf}} = QA_{uf} \qquad (3\text{-}49)$$

通频带为

$$BW = f_H - f_L = \frac{f_0}{Q} \qquad (3\text{-}50)$$

该带通滤波电路的对数幅频特性如图3-47所示。由图可知，Q值越大，曲线越尖锐，表明滤波电路的选频特性越好，但通频带将变窄。

（2）带阻滤波电路（BEF） 带阻滤波电路阻止某一频段的信号通过，允许该频段以外的信号通过。如图3-48a所示，带阻滤波电路由低通和高通滤波电路并联而成，其中高通截止频率f_L应高于低通截止频率f_H。其幅频特性如图3-48b所示。

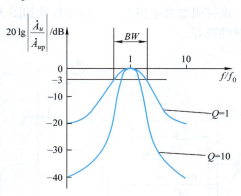

图3-47 压控电压源二阶带通滤波电路的对数幅频特性

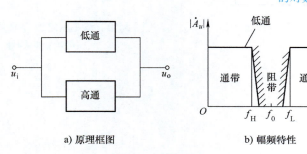

a) 原理框图　　　　　　b) 幅频特性

图3-48 带阻滤波电路构成

双T网络二阶带阻滤波电路如图3-49所示，RC高通和低通网络形成两个T形电路，并联而成双T网络。

电路的频率特性为

$$\dot{A}_u = \frac{A_{up}}{1 + j\frac{1}{Q}\frac{ff_0}{f_0^2 - f^2}} \qquad (3\text{-}51)$$

式中，A_{up}为通带电压放大倍数。

$$A_{up} = 1 + \frac{R_f}{R_1} \qquad (3\text{-}52)$$

中心频率为

$$f_0 = \frac{1}{2\pi RC} \qquad (3\text{-}53)$$

品质因数为

$$Q = \frac{1}{2(2 - A_{up})} \qquad (3\text{-}54)$$

阻带宽度为

$$BW = f_H - f_L = \frac{f_0}{Q} \qquad (3\text{-}55)$$

要求 $A_{up} < 2$，电路才能稳定工作。

该带阻滤波电路的对数幅频特性如图 3-50 所示。由图可知，Q 值越大，阻带宽度越窄，选择性越好。

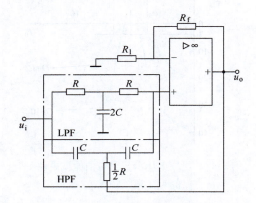

图 3-49 双 T 网络二阶带阻滤波电路

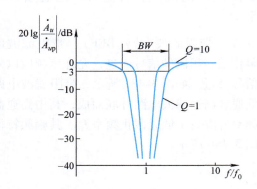

图 3-50 双 T 网络二阶带阻滤波电路的对数幅频特性

3.4 项目制作与调试

热敏电阻测温放大器的制作与调试

3.4.1 项目原理分析

本项目制作的热电阻测温放大器由测温电桥和测量放大器组成，总电路如图 3-1 所示。

1. 测温电桥电路

图 3-1 中，R_t 是热电阻，其阻值随温度的变化而变化，在 0~500℃ 以内，它的阻值 R_t 与温度 t 的关系为

$$R_t = R_0(1 + At + Bt^2) \qquad (3\text{-}56)$$

式中，R_0 为热电阻在温度为 0℃ 时的阻值，本项目 $R_0 = 100\Omega$；$A = 3.9684 \times 10^{-3}/℃$；$B = -5.847 \times 10^{-7}/(℃)^2$。

测温电桥的其他 3 个桥臂上，R_1、R_3 和 R_4 为固定电阻，则

$$u_{i1} = \frac{R_4}{R_1 + R_4} V_{CC}$$

项目3 热电阻测温放大器的制作与调试

$$u_{i2} = \frac{R_3}{R_t + R_3}V_{CC}$$

所以

$$u_{id} = u_{i1} - u_{i2} = \left(\frac{R_4}{R_1 + R_4} - \frac{R_3}{R_t + R_3}\right)V_{CC} \qquad (3-57)$$

从式(3-57)可以看出，测温电桥的输出电压 u_{id} 随着温度的变化而变化。

2. 测量放大器电路

在电子信息系统中，通常都用传感器获取信号，把被测的物理量转换成电信号，利用这个与被测量有关的电信号达到测量、控制等目的。然而，传感器采集到的信号往往很小，不能直接进行处理和运算，必须通过测量放大器电路进行信号放大。此外，大多数传感器的等效电阻均不是常量，它们随所测物理量的大小而变化。这样，对于放大器而言，信号源内阻 R_S 是变量，根据源电压放大倍数的表达式

测量放大器电路分析

$$\dot{A}_{uS} = \frac{R_i}{R_S + R_i}\dot{A}_u$$

可知，放大器的放大能力将随信号大小而变。为了保证放大器对不同幅值的信号具有稳定的放大倍数，就必须保证放大器的输入电阻 $R_i \gg R_S$，这样，$\frac{R_i}{R_S + R_i} \approx 1$，则信号源内阻引起的放大误差就小，有 $\dot{A}_{uS} \approx \dot{A}_u$。再者，从传感器获得的信号常为差模小信号，并含有较大的共模成分，其数值远远大于差模信号。因此，要求放大器具有较强的抑制共模信号的能力。

综上所述，测量放大器电路除了应具备足够大的放大倍数，还应具有高输入电阻和高共模抑制比。

测量放大器电路多种多样，但很多都是由图3-51所示电路演变而来。它由两个高阻型集成运放 A_1、A_2 和低失调运放 A_3 组成，输入信号 u_{i1} 和 u_{i2} 分别从 A_1 和 A_2 的同相输入端输入，经过两级放大电路的放大作用后，从 A_3 的输出端输出信号 u_o。集成运放 A_1 和 A_2 组成对称的差分放大电路，由于引入电压串联负反馈，故电路具有较高的输入阻抗。第二级放大电路由 A_3 构成，也引入了负反馈。3个集成运放工作在线性区，用虚短和虚断的概念分析，有 $u_A = u_{i1}$，$u_B = u_{i2}$，因而

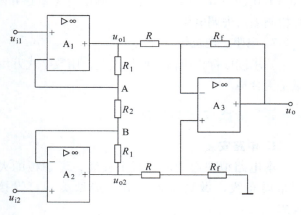

图3-51 三运放构成的测量放大器电路

$$\frac{u_{i1} - u_{i2}}{R_2} = \frac{u_{o1} - u_{o2}}{2R_1 + R_2}$$

可得

$$u_{o1} - u_{o2} = \left(1 + \frac{2R_1}{R_2}\right)(u_{i1} - u_{i2})$$

所以输出电压

$$u_o = -\frac{R_f}{R}(u_{o1} - u_{o2}) = -\frac{R_f}{R}\left(1 + \frac{2R_1}{R_2}\right)(u_{i1} - u_{i2}) \tag{3-58}$$

设 $u_{id} = u_{i1} - u_{i2}$，则

$$u_o = -\frac{R_f}{R}\left(1 + \frac{2R_1}{R_2}\right)u_{id} \tag{3-59}$$

当输入共模信号时，即 $u_{i1} = u_{i2} = u_{ic}$，输出电压 $u_o = 0$。可见，电路放大差模信号，抑制共模信号。差模电压放大倍数数值越大，共模抑制比越高。

3.4.2 元器件识别与检测

1. 集成芯片 LM324

LM324 是四运放集成电路，它采用 14 脚双列直插塑料封装。它的内部包含 4 组形式完全相同的运算放大器，除电源共用外，4 组运放相互独立。由于 LM324 四运放电路具有电源电压范围宽、静态功耗小、可单电源使用、价格低廉等优点，因此被广泛应用在各种电路中。

LM324 的引脚排列图如图 3-52 所示。

在使用 LM324 之前要判断其好坏，常用万用表电阻档（$R \times 100$ 档或 $R \times 1k$ 档）对引脚测试有无短路和断路现象，并检测输入失调电压。

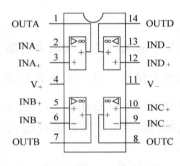

图 3-52 LM324 的引脚排列图

2. 电阻、电位器

要求读取标称阻值、标称误差，用数字式万用表测量实际阻值，计算实际误差，判别质量是否合格。

3.4.3 电路安装与调试

1. 电路安装

本电路拟在通用电路板上安装，考虑板的大小、元器件数量和调试要求等因素，合理布局布线，做到排列整齐、造型美观。焊接时注意不要出现错焊、漏焊、虚焊等现象。

元器件排列和安装时应注意：

1）输入、输出、电源及可调器件（电位器）的位置要合理安排，做到调节方便、安全。

2）色环电阻的色环顺序应朝一个方向，以方便读取。

3）注意 LM324 的引脚功能和作用。

4）注意电位器引脚的辨别。

为了方便调试，可不做电桥电路，直接用信号发生器产生信号代替电桥电路输出信号。

2. 电路调试

电路调试步骤如下：

1）集成运放接12V电源、-12V电源及接地。

2）用信号发生器产生输入信号 $u_{i1}=100\text{mV}$ 和 $u_{i2}=110\text{mV}$，送入测量放大器的两个输入端。

3）将 R_5 调到最大，用示波器和毫伏表测量输出信号的大小，并将测量值与理论值比较，分析产生误差的原因。

4）改变 R_5 阻值，测量输出信号大小。

5）改变输入信号大小，测量输出信号，计算电压放大倍数。

6）增大输入信号，使输出波形失真，测出最大不失真输入信号和输出信号。

3.4.4 实训报告

实训报告格式见附录A。

3.5 项目总结与评价

3.5.1 项目总结

1）差分放大电路输入信号分为差模信号和共模信号。差分放大电路具有结构对称的特点，能够放大差模信号，抑制共模信号，零点漂移小。具有恒流源的差分放大电路可进一步提高共模抑制比。差分放大电路有4种接法：双端输入双端输出、双端输入单端输出、单端输入双端输出和单端输入单端输出。

2）集成运放是一种高性能的直接耦合放大电路，从外部看，可以等效为双端输入、单端输出的差分放大电路。通常由输入级、中间级、输出级和偏置电路4部分组成。

3）集成运放的性能指标主要有：A_{uo}、K_{CMR}、r_{id}、U_{io}、dU_{io}/dT、I_{io}、dI_{io}/dT、I_{iB}、U_{icmax}、U_{idmax}、BW 和 S_R。要根据电路指标、性能要求选用合适的集成运放，使用集成运放时应注意调零、频率补偿和保护措施。

4）若集成运放引入负反馈，则工作在线性区。工作在线性区的集成运放净输入电压为零，称为**虚短**；净输入电流为零，称为**虚断**。虚短和虚断是分析运算电路和有源滤波电路的两个基本出发点。

若集成运放不引入反馈或引入正反馈，则工作在非线性区。集成运放工作在非线性区时，输出电压只有两种可能：U_{oM} 或 $-U_{oM}$；同时净输入电流也为零，即虚断。

5）基本运算电路有反相和同相比例运算电路、加减法运算电路、积分与微分运算电路等。它们的电路特点是引入负反馈，使集成运放工作在线性区。求解运算电路输出电压与输入电压的运算关系有两种方法，一种是采用虚短和虚断的概念加以分析，另一种是采用叠加原理分析。

6）有源滤波电路一般由RC网络和集成运放组成，主要用于小信号处理，可分为低通、高通、带通和带阻4种滤波电路。应用时应根据有用信号、无用信号和干扰等所占频段来合理选择滤波电路的类型和元器件参数。有源滤波电路的主要性能指标有通带放大倍数、通带截止频率、特征频率和带宽等。有源滤波电路一般引入电压负反馈，故可用虚短和虚断的概念来分析电路。有时也引入正反馈，以实现压控电压源滤波电路，当参数选择不合适时，电路会产生自激振荡。

7）热电阻测温放大器电路由测温电桥和两级差分放大电路组成。测温电桥将温度转换成差分信号，差分放大电路由两个高阻型集成运放 A_1、A_2 和低失调运放 A_3 组成，差模输入信号经两级差分放大电路放大后，供给后续运算或处理电路进行工作，实现测量或控制的目的。

3.5.2　项目评价

项目评价原则仍然是"过程考核与综合考核相结合，理论考核与实践考核相结合，教师评价与学生评价相结合"，本项目占 6 个项目总分值的 15%，具体评价内容参考表 3-2。

表3-2　项目3 评价表

考核项目	考核内容及要求	分值	学生评分(50%)	教师评分(50%)	得分
电路制作	1）熟练使用数字式万用表检测元器件 2）电路板上元器件布局合理、焊接正确	30 分			
电路调试	1）熟练使用直流稳压电源、信号发生器和示波器 2）正确测量电路相关信号和技术指标 3）正确判断故障原因并独立排除故障	30 分			
实训报告编写	1）格式标准，表达准确 2）内容充实、完整，逻辑性强 3）有测试数据记录及结果分析	20 分			
综合职业素养	1）遵守纪律，态度积极 2）遵守操作规程，注意安全 3）富有团队合作精神	10 分			
小组汇报总评	1）电路结构设计、原理说明 2）电路制作与调试总结	10 分			
总分		100 分			

3.6　仿真测试

1. 仿真目的

1）掌握各种运算电路结构。
2）掌握各种运算电路的输入、输出信号关系测试。

2. 仿真电路（见图3-53～图3-58）

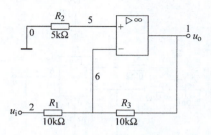

图3-53 反相比例运算电路

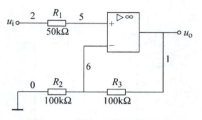

图3-54 同相比例运算电路

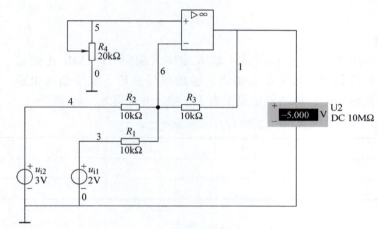

图3-55 反相加法运算电路

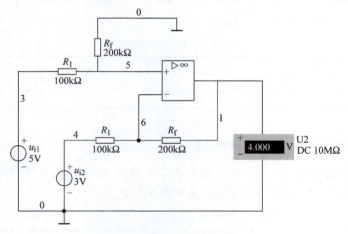

图3-56 减法运算电路

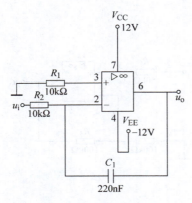
图 3-57　积分运算电路

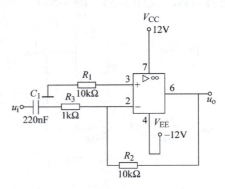
图 3-58　微分运算电路

3. 测试内容

（1）反相比例运算电路仿真测试　输入端接入振幅 5V/1kHz 正弦信号，用示波器观察反相比例运算电路输入、输出信号波形，改变输入电压幅值，观察输出波形变化，将结果记录于表 3-3 中，并计算 u_{om}/u_{im} 值。

反相比例运算电路仿真测试

表 3-3　反相比例运算电路

u_{im}/V	5	4	3	2	1
u_{om}/V					
u_{om}/u_{im}					

思考 1：测试结果是否满足 $u_{om} = -\dfrac{u_{im} R_3}{R_1}$？

（2）同相比例运算电路仿真测试　输入端接入振幅 5V/1kHz 正弦信号，用示波器观察同相比例运算电路输入、输出信号波形，改变输入电压幅值，观察输出信号波形变化，将结果记录于表 3-4 中，并计算 u_{om}/u_{im} 值。

表 3-4　同相比例运算电路

u_{im}/V	5	4	3	2	1
u_{om}/V					
u_{om}/u_{im}					

思考 2：测试结果是否满足 $u_{om} = u_{im}\left(1 + \dfrac{R_3}{R_2}\right)$？

（3）反相加法运算电路仿真测试　根据表 3-5 改变 u_{i1}、u_{i2} 值，观察反相加法运算电路输出电压变化，将结果记录于表 3-5 中。

反相加法运算电路仿真测试

表 3-5　反相加法运算电路

u_{i1}/V	1	2	2	3	3
u_{i2}/V	1	1	2	2	3
u_o/V					
u_o 理论值/V					

思考 3：测试结果是否满足 $u_o = -R_3\left(\dfrac{u_{i1}}{R_1} + \dfrac{u_{i2}}{R_2}\right)$？

（4）减法运算电路仿真测试　根据表 3-6 改变 u_{i1}、u_{i2} 值，观察减法运算电路输出电压变化，将结果记录于表 3-6 中。

减法运算电路仿真测试

表 3-6　减法运算电路

u_{i1}/V	5	5	3	3	3
u_{i2}/V	1	2	2	1	3
u_o/V					
u_o 理论值/V					

思考 4：测试结果是否满足 $u_o = \dfrac{R_f}{R_1}(u_{i1} - u_{i2})$？

（5）积分运算电路仿真测试　输入 100Hz/5V 方波信号，用示波器观察积分电路输入、输出信号波形并记录。

思考 5：积分电路具有怎样的波形变换作用？

（6）微分运算电路仿真测试　输入 100Hz/5V 三角波信号，用示波器观察微分电路输入、输出信号波形并记录。

思考 6：微分电路具有怎样的波形变换作用？

积分运算电路仿真测试

微分运算电路仿真测试

3.7　习题

1. 填空题

（1）共模抑制比 K_{CMR} 等于差模电压放大倍数与共模电压放大倍数_____的绝对值。电路的 K_{CMR} 越大，表明电路抑制_____能力越强。

（2）差分放大电路具有电路结构_____的特点，因此具有很强的_____零点漂移的能力。它能放大_____信号，而抑制_____信号。

（3）当放大电路输入端短路时，输出端电压缓慢变化的现象称为_____，_____是引起这种现象的主要原因。

（4）当差分放大电路输入端加入大小相等、极性相反的信号时，称为_____输入；当加入大小和极性都相同的信号时，称为_____输入。

（5）差模输入信号电压是两个输入信号的_____值；共模输入信号电压是两个输入信号的_____值；当 $u_{i1} = 18\text{mV}$，$u_{i2} = 6\text{mV}$ 时，$u_{id} = $_____mV，$u_{ic} = $_____mV。

（6）理想集成运放的开环差模电压放大倍数 A_{uo} 可认为是_____，输入电阻 R_{id} 为_____，输出电阻 R_o 为_____。

（7）工作在线性区的理想集成运放有两个特点，即两个输入端间的电压近似为_____，称作_____；两个输入端电流为_____，称作_____。

（8）工作在非线性区的理想集成运放_____虚短，_____虚断。

（9）一般情况下，当集成运放的反相输入端和输出端有通路，即存在_____反馈时，集成运放工作在线性区。当集成运放开环或同相输入端和输出端有通路，即存在_____反馈时，集成运放工作在非线性区。

（10）为了防止集成运放因电源接反而损坏，可在电源连线中串接_____来实现保护。

（11）一阶滤波电路阻带幅频特性以_____/10倍频斜率衰减，二阶滤波电路以_____/10倍频斜率衰减。阶数越_____，阻带幅频特性衰减的速度就越快，滤波电路的滤波性能就越好。

（12）为了获得输入电压中的低频信号，应选用_____滤波电路。

（13）已知输入信号的频率为（10~15）kHz，为了防止干扰信号的混入，应选用_____滤波电路。

（14）滤波电路按其通过信号频率范围的不同，可分为_____滤波电路、_____滤波电路、_____滤波电路和_____滤波电路。

2. 判断题

（1）产生零点漂移的主要原因是BJT参数受温度的影响。（　　）

（2）参数理想对称的双端输入、双端输出差分放大电路只能放大差模信号，不能放大共模信号。（　　）

（3）差分电路采用恒流源作集电极负载能够增大差模电压放大倍数，同时也提高共模抑制比。（　　）

（4）零点漂移就是静态工作点的漂移。（　　）

（5）共模信号是差分放大电路两个输入端电位之和。（　　）

（6）差模信号是差分放大电路两个输入端电位之差。（　　）

（7）运算电路应引入负反馈。（　　）

（8）集成运放构成的电路都可利用"虚短"和"虚断"的概念加以分析。（　　）

（9）可以利用运放构成微分电路将方波变换为三角波。（　　）

（10）若希望滤波电路的输出电阻很小（如0.05Ω），则应采用无源 LC 滤波电路。（　　）

（11）采用有源器件、集成运放和元件 R、C 组成的滤波电路，称为有源滤波电路。（　　）

（12）有用信号低于20Hz，可选用低通滤波电路，那么有用信号低于500Hz，就应该选用高通滤波电路。（　　）

（13）测量放大器电路具有较强的抗共模干扰能力。（　　）

3. 选择题

（1）为了提高带负载能力，集成运放的互补输出级采用（　　）。

A. 共发射极接法　　B. 共基极接法　　C. 共集电极接法　　D. 差分电路

（2）（　　）运算电路可将方波变成三角波。

A. 微分　　B. 积分　　C. 比例　　D. 加减

（3）对差分放大电路而言，下列说法不正确的为（　　）。

A. 可以用作直流放大器　　　　　　B. 可以用作交流放大器

C. 可以用作限幅器　　　　　　　　D. 具有很强的放大共模信号的能力

(4) 差分放大电路由双端输入改为单端输入，则差模电压放大倍数(　　)。
A. 不变　　　　　　B. 提高一倍　　　　C. 提高两倍　　　　D. 减小为原来的一半

(5) 把差分放大电路中的发射极公共电阻 R_E 改为恒流源可以(　　)。
A. 提高差模电压放大倍数　　　　　　B. 提高共模电压放大倍数
C. 提高共模抑制比　　　　　　　　　D. 增大差模输入电阻

(6) 差分放大电路主要通过(　　)来实现。
A. 提高输入电阻　　　　　　　　　　B. 利用两半电路和器件参数对称
C. 扩展频带　　　　　　　　　　　　D. 增加一级放大电路

(7) 集成运放的输入失调电流 I_{io} 是(　　)。
A. 使输出电压为零在输入端所加的补偿电压
B. 两个输入端电位之差
C. 两个输入端静态电流之差
D. 两个输入端静态电流之和

(8) 电路的 A_{ud} 越大，表示(　　)。
A. 温漂越大　　　　　　　　　　　　B. 抑制温漂能力越强
C. 对差模信号的放大能力越强　　　　D. 对差模信号的抑制能力越强

(9) 集成运放的输入失调电压 U_{io} 是(　　)。
A. 使输出电压为零在输入端所加的补偿电压
B. 两个输入端电位之差
C. 两个输入端静态电流之差
D. 两个输入端静态电流之和

(10) 如图 3-59 所示电路，稳压管的作用是(　　)。
A. 防止电源接反　　B. 限制输入过大的共模信号　　C. 限制输入过大的差模信号

(11) 如图 3-60 所示电路，二极管的作用是(　　)。
A. 防止电源接反　　B. 限制输入过大的共模信号　　C. 限制输入过大的差模信号

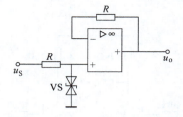

图 3-59　选择题(10)图

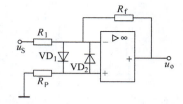

图 3-60　选择题(11)图

(12) 一个反相比例运算电路的放大倍数为 $A_{uf} = -R_f/R_1 = -10$，在以下 4 组电阻取值中，(　　)最为合理。
A. $R_f = 10\text{M}\Omega$、$R_1 = 1\text{M}\Omega$　　　　　　B. $R_f = 100\text{k}\Omega$、$R_1 = 10\text{k}\Omega$
C. $R_f = 1\text{k}\Omega$、$R_1 = 100\Omega$　　　　　　　D. $R_f = 100\Omega$、$R_1 = 10\Omega$

(13) 为了使电路的输出电阻足够小，保证负载电阻变化时滤波特性不变，应选用(　　)滤波电路。

A. 无源带阻　　　　B. 无源低通　　　　C. 无源带通　　　　D. 有源

（14）欲从混入高频干扰信号的输入信号中取出低于 100kHz 的有用信号，应选用（　　）滤波电路。

A. 高通　　　　　　B. 低通　　　　　　C. 带通　　　　　　D. 带阻

（15）希望抑制 50Hz 的交流电源干扰，应选用中心频率为 50Hz 的（　　）滤波电路。

A. 高通　　　　　　B. 低通　　　　　　C. 带通　　　　　　D. 带阻

（16）已知输入信号的频率为 (1~10)kHz，为了防止干扰信号的混入，应选用（　　）滤波电路。

A. 高通　　　　　　B. 低通　　　　　　C. 带通　　　　　　D. 带阻

4. 分析计算题

（1）差分放大电路如图 3-61 所示，已知 $V_{CC} = V_{EE} = 12V$，$R_{C1} = R_{C2} = 10\text{k}\Omega$，$R_L = 20\text{k}\Omega$，$I = 1\text{mA}$，晶体管的 $\beta = 100$，$r_{bb'} = 300\Omega$，$U_{BE} = 0.7V$，试：

1）求 I_{C1}、U_{CE1}、I_{C2}、U_{CE2}；
2）画出该电路的差模交流通路；
3）求电压放大倍数 $A_{ud} = u_{od}/u_{id}$、差模输入电阻 R_{id} 和输出电阻 R_o。

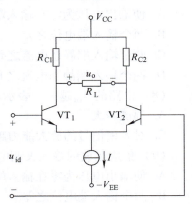

图 3-61　计算题(1)图

（2）如图 3-62 所示差放电路，已知两只 BJT 的参数对称，$\beta = 50$，$r_{be} = 2\text{k}\Omega$，$U_{BE} = 0.7V$，$R_{B1} = R_{B2} = 2\text{k}\Omega$，$R_{C1} = R_{C2} = 10\text{k}\Omega$，$R_E = 10\text{k}\Omega$。试求：

1）求静态电流 I_{C1}、I_{C2}；
2）差模电压放大倍数 $A_{ud} = u_{od}/u_{id}$、共模电压放大倍数 A_{uc}、共模抑制比 K_{CMR}；
3）若 $u_{i1} = 0.53V$，$u_{i2} = 0.52V$，求 u_o 的值。

（3）由差分电路组成的简单电压表如图 3-63 所示，在输出端所接电流表满偏转电流为 100μA，电表支路的总电阻为 2kΩ，两管的 $\beta = 50$，试计算：

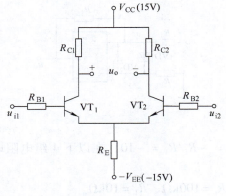

图 3-62　计算题(2)图

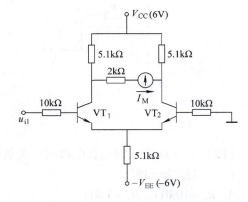

图 3-63　计算题(3)图

1）每管的静态电流 I_B、I_C；
2）为使电表指示达满偏电流，需要加多大的输入电压？

（4）图 3-64 所示电路中，运放为理想器件，求下列情况下输出电压 u_o 和 u_i 的关系式。

1）S_1 和 S_3 闭合，S_2 断开；

2）S_1 和 S_2 闭合，S_3 断开；

3）S_2 闭合，S_1、S_3 断开；

4）S_1、S_2、S_3 都闭合。

（5）图 3-65 为一电压测量电路，电阻 R_M 为表头内阻，已知表头流过 100μA 电流时满刻度偏转，现要求该电路输入电压 $U_i = 10V$ 时满刻度偏转，则电阻 R 的取值应为多少？

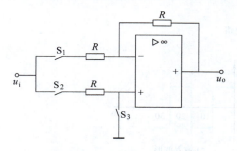

图 3-64　计算题(4)图

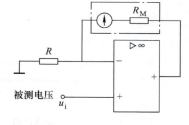

图 3-65　计算题(5)图

（6）由运放组成的晶体管 β 值测量电路如图 3-66 所示。

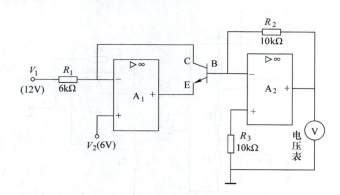

图 3-66　计算题(6)图

1）设晶体管为硅管，标出 E、B、C 各点电压的数值；

2）若电压表读数为 200mV，试求被测晶体管的 β 值。

（7）理想运放组成的积分电路如图 3-67a 所示，已知 $t = 0$ 时，$u_o = 0$，求：

1）输入波形如图 3-67b 所示时输出电压 u_o 的波形，并求出 u_o 由 0V 变化到 -5V 所需时间。

2）输入波形如图 3-67c 所示时输出电压 u_o 的波形。

（8）图 3-68 所示电路为仪用放大器，试求输出电压 u_o 与输入电压 u_{i1}、u_{i2} 之间的关系，并指出该电路输入电阻、输出电阻、共模抑制能力和差模增益的特点。

（9）理想运放电路如图 3-69 所示，求 u_o。

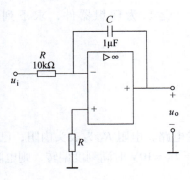

a) 积分电路

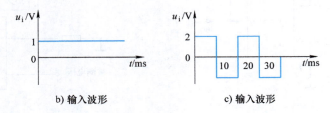

b) 输入波形　　　　　c) 输入波形

图 3-67　计算题(7)图

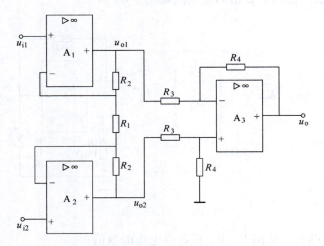

图 3-68　计算题(8)图

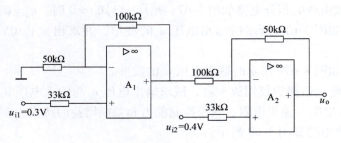

图 3-69　计算题(9)图

（10）图 3-70 所示运算放大电路中，已知 $u_{i1} = 10\text{mV}$，$u_{i2} = 5\text{mV}$，求 $u_o = ?$

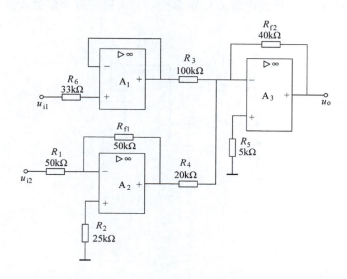

图 3-70　计算题(10)图

（11）图 3-71 所示电路中，若 $R_2 = 2R_1$，$R_3 = 5R_4$，$u_{i2} = 4u_{i1}$，求输出电压 u_o。

（12）通过反相比例放大电路放大后的模拟心电图波形上叠加有 2kHz 的干扰信号（近似于正弦波），如图 3-72 所示的低通滤波器将其衰减 20dB，已知 $R = 100\text{k}\Omega$，$R_1 = 10\text{k}\Omega$，试估算：

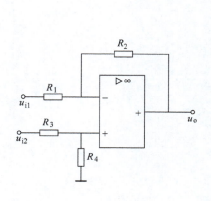

图 3-71　计算题(11)图

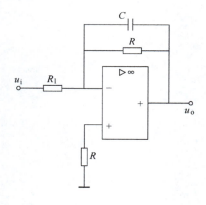

图 3-72　计算题(12)图

1）通带截止频率 f_H；
2）滤波电容值。

（13）一阶低通滤波电路如图 3-73 所示，已知 $R_f = 100\text{k}\Omega$，$R = R_1 = 10\text{k}\Omega$，若要求通带截止频率 $f_H = 50\text{Hz}$，试估算滤波电容 C 应取多大？并求通带放大倍数 A_{up}。

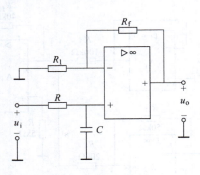

图 3-73　计算题(13)图

项目 4
函数信号发生器的制作与调试

4.1 项目导入

函数信号发生器是能够输出正弦波、方波、三角波等信号波形的常用电子仪器,应用十分广泛。图 4-1 所示为以集成运算放大器 LM324 为核心器件的简易函数信号发生器,它能产生正弦波 u_{o1}、方波 u_{o2} 和三角波 u_{o3} 3 种信号波形。

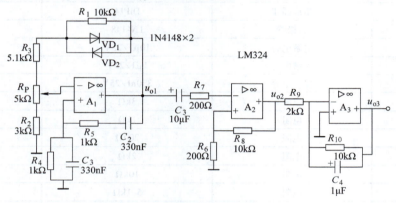

图 4-1 简易函数信号发生器

通过本项目的制作与调试,达到以下教学目标:
1. 知识目标
1)掌握 RC 正弦波振荡电路的工作原理、振荡条件、振荡频率及电路特点。
2)了解 LC 正弦波振荡电路的工作原理及振荡频率的估算方法。
3)掌握电压比较器电路的工作原理。
4)熟悉积分电路的工作原理。

2. 能力目标
1)熟悉 RC 文氏振荡电路的连接方法及应用。
2)学会电压比较器的连接方法。
3)学会积分电路的连接方法。
4)能够用示波器对函数信号进行观测。
5)熟练掌握函数信号发生器各项参数的测试及电路的调试。

3. 素质目标
1)培养学生尊师重教的人文意识。
2)培养学生挑战自我的创新意识。

3）培养学生诚实守信的精神。
4）培养学生理论联系实际的能力。

4.2 项目实施条件

场地：学做合一教室或电子技能实训室。
仪器：示波器、万用表及毫伏表。
工具：电烙铁、剪刀、螺钉旋具及剥线钳等。
元器件及材料：实训模块电路或按表4-1配置元器件。

表 4-1 元器件清单

序号	元器件名称	型号及规格	数量
1	集成电路	LM324	1
2	集成插座	DIP14	1
3	二极管	1N4148	2
4	电解电容	10μF/25V	1
5	电解电容	1μF/25V	1
6	瓷片电容	330nF/25V	2
7	电阻	3kΩ	1
8	电阻	1kΩ	2
9	电阻	200Ω	2
10	电阻	2kΩ	1
11	电阻	10kΩ	3
12	电阻	5.1kΩ	1
13	电位器	5kΩ	1
14	焊锡	φ1.0mm	若干
15	导线	单股φ0.5mm	若干
16	通用电路板	100mm×50mm	1

4.3 相关知识与技能

4.3.1 正弦波振荡电路

1. 振荡条件

振荡电路是一种不需要外接输入信号就能将直流能量转换成具有一定频率、幅度和波形的交流能量输出的电路，按输出振荡波形可分为正弦波振荡电路和非正弦波振荡电路。

正弦波振荡电路由放大电路、正反馈网络、选频网络和稳幅电路等组成。根据选频网络所采用的元器件不同，正弦波振荡电路又可分为RC正弦波振荡电路、LC正弦波振荡电路和石英晶体正弦波振荡电路。RC正弦波振

振荡电路的基本概念

荡电路一般用来产生数赫到数百千赫的低频信号；LC 正弦波振荡电路主要用来产生数百千赫以上的高频信号；石英晶体正弦波振荡电路主要用于频率稳定度高的场合。

图 4-2 所示为正弦波振荡电路的框图，由于振荡电路不需要外界输入信号，因此，通过反馈网络输出的反馈信号 $\dot{X}_f$ 就是基本放大电路的输入信号 $\dot{X}_{id}$。该信号经基本放大电路放大后，输出信号为 $\dot{X}_o$，如果能使 $\dot{X}_f$ 与 $\dot{X}_{id}$ 两个信号大小相

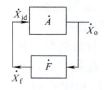

图 4-2 正弦波振荡电路的框图

等、极性相同，构成正反馈电路，那么，这个电路就能维持稳定输出。因而，从 $\dot{X}_f = \dot{X}_{id}$ 可引出自激振荡条件。

由框图可知，基本放大电路的输出为

$$\dot{X}_o = \dot{A}\dot{X}_{id}$$

反馈网络的输出为

$$\dot{X}_f = \dot{F}\dot{X}_o$$

当 $\dot{X}_f = \dot{X}_{id}$ 时，则有

$$\dot{A}\dot{F} = 1 \tag{4-1}$$

这就是振荡电路的振荡条件。这个条件实质上包含下列两个条件：

1) 幅值平衡条件

$$|\dot{A}\dot{F}| = 1 \tag{4-2}$$

2) 相位平衡条件

$$\phi_{AF} = \phi_A + \phi_F = \pm 2n\pi \quad n = 0, 1, 2, \cdots \tag{4-3}$$

振荡条件

即放大电路的相移与反馈网络的相移之和为 $2n\pi$，其中 n 是整数，这也说明必须为正反馈的条件。

2. 起振条件

当振荡电路接通电源时，输出端会产生微小的不规则的噪声或扰动信号，它包含了各种频率的谐波分量，经过电路中的选频网络必能选出一种频率满足相位平衡条件，经正反馈返送到输入端不断放大。放大开始时满足 $|\dot{A}\dot{F}| > 1$ 条件能使输出信号由小逐渐迅速变大，使电路起振，最后进入到放大器件的非线性区或电路的稳幅环节，使放大倍数下降，从而达到 $|\dot{A}\dot{F}| = 1$，使输出幅度稳定进入正常振荡工作状态。

放大电路是保证电路能够在起振到动态平衡的过程中获得一定幅值的输出量；放大电路和正反馈网络共同满足振荡的条件；选频网络实现单一频率振荡，选频网络往往由 R、C 或 L、C 等电抗性元件组成，与放大电路一起构成选频放大，也可与反馈网络一起构成选频反馈；稳幅电路使输出信号幅值稳定和改善波形，一般利用器件非线性特性或加稳幅电路。

3. 正弦波振荡电路的分析方法和步骤

1) 观察电路是否包含振荡电路的 4 个组成部分。

2) 判断放大电路是否正常工作，即是否有合适的静态工作点，且动态信号是否能够正常输入和输出。

3) 判断电路能否振荡。判断电路能否振荡的关键是相位。若相位条件不满足，则电路

肯定不是正弦波振荡电路。相位平衡条件是判断振荡电路能否振荡的基本条件，可用瞬时极性法判断。

4) 分析起振条件。欲使振荡电路自行起振，必须满足 $|\dot{A}\dot{F}| > 1$ 的幅值条件。

5) 稳幅。稳幅是指"起振→增幅→等幅"的振荡建立过程，也就是从 $|\dot{A}\dot{F}| > 1$ 到达 $|\dot{A}\dot{F}| = 1$(稳定)的过程，可采用非线性元件来自动调节反馈的强弱以维持输出电压恒定。

6) 估算振荡频率。振荡电路的振荡频率 f_0 是由相位平衡条件决定的。对 RC 选频网络，由网络频率特性求出 f_0；对 LC 选频网络，由谐振回路总电抗为零估算出 f_0。

正弦波振荡电路在测量、通信、无线电技术、自动控制和热加工等许多领域中有着广泛的应用。

4.3.2 RC 正弦波振荡电路

RC正弦波振荡电路

RC 正弦波振荡电路可分为 RC 串并联式正弦波振荡电路、移相式正弦波振荡电路和双 T 网络正弦波振荡电路。这里主要介绍 RC 串并联式正弦波振荡电路，因为它具有波形好、振幅稳定、频率调节方便等优点，应用十分广泛。其电路主要结构是采用 RC 串并联网络作为选频网络和正反馈网络。在分析正弦波振荡电路时，关键是要了解选频网络的频率特性，这样才能进一步理解振荡电路的工作原理。

1. RC 串并联网络的频率特性

RC 串并联网络如图 4-3 所示。假定输入 $\dot{U}_1$ 为幅值恒定、频率 f 可调的正弦波电压，输出电压为 $\dot{U}_2$。令串并联网络的反馈系数为 $\dot{F}$，则 $\dot{F} = \dfrac{\dot{U}_2}{\dot{U}_1}$，根据图 4-3 可得

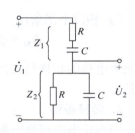

图 4-3 RC 串并联网络

$$\dot{F} = \frac{\dot{U}_2}{\dot{U}_1} = \frac{Z_2}{Z_1 + Z_2} = \frac{R // \dfrac{1}{j\omega C}}{\left(R + \dfrac{1}{j\omega C}\right) + \left(R // \dfrac{1}{j\omega C}\right)} = \frac{1}{3 + j\left(\omega RC - \dfrac{1}{\omega RC}\right)} \quad (4-4)$$

令 $\omega_0 = \dfrac{1}{RC}$，ω_0 为电路固有角频率，也称谐振角频率，那么谐振频率为

$$f_0 = \frac{1}{2\pi RC}$$

因此式(4-4)可写成

$$\dot{F} = \frac{1}{3 + j\left(\dfrac{\omega}{\omega_0} - \dfrac{\omega_0}{\omega}\right)} = \frac{1}{3 + j\left(\dfrac{f}{f_0} - \dfrac{f_0}{f}\right)} \quad (4-5)$$

（1）幅频特性

$$|\dot{F}| = \frac{1}{\sqrt{3^2 + \left(\dfrac{f}{f_0} - \dfrac{f_0}{f}\right)^2}} = \frac{1}{\sqrt{3^2 + \left(\dfrac{\omega}{\omega_0} - \dfrac{\omega_0}{\omega}\right)^2}} \quad (4-6)$$

(2) 相频特性

$$\phi_F = -\arctan\frac{1}{3}\left(\frac{f}{f_0} - \frac{f_0}{f}\right) \tag{4-7}$$

当 $f=f_0$ 时，反馈系数 $\dot{F} = \frac{\dot{U}_2}{\dot{U}_1} = \frac{1}{3}$，与频率 f_0 的大小无关，此时的相角 $\phi_F = 0°$，$\dot{U}_2$ 与 $\dot{U}_1$ 同相；

当 $f \neq f_0$ 时，$|\dot{F}| < \frac{1}{3}$，$\phi_F \neq 0°$；

当 $f \ll f_0$ 时，$|\dot{F}| \to 0$，$\phi_F \to 90°$；

当 $f \gg f_0$ 时，$|\dot{F}| \to 0$，$\phi_F \to -90°$。

由上述分析可得 RC 串并联选频网络的频率特性曲线如图 4-4 所示。由此可见当 $f=f_0$ 时，具有选频性。

2. RC 文氏电桥式振荡电路

（1）RC 文氏电桥式振荡电路的构成　　RC 文氏电桥式振荡电路如图 4-5 所示，RC 串并联网络构成正反馈网络，另外还增加了 R_f 和 R_1 构成负反馈网络，使集成运放构成同相比例放大电路。R_1 采用正温度系数（或 R_f 采用负温度系数）的热敏电阻就构成稳幅电路。

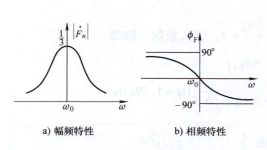

图 4-4　RC 串并联网络的频率特性曲线

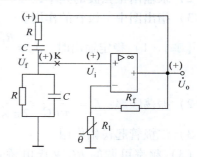

图 4-5　RC 文氏电桥式振荡电路

RC 串并联网络与 R_f 和 R_1 负反馈支路正好构成一个桥路，称为文氏电桥，如图 4-6 所示。

振荡的幅值条件为 $|\dot{A}\dot{F}| \geq 1$，而 $|\dot{F}| = 1/3$，所以要求同相比例放大电路的放大倍数 $A_f \geq 3$，即

$$A_f = 1 + \frac{R_f}{R_1} \geq 3$$

故 $R_f \geq 2R_1$，起振时要求 $R_f > 2R_1$，稳幅时要求 $R_f = 2R_1$。一般情况要求 A_f 略大于 3，输出波形较好；如果 $A_f \gg 3$，输出波形失真较严重，甚至变成方波。

（2）RC 文氏电桥式振荡电路的稳幅　　为了改善输出电压波形，使幅值稳定，可以采用如下措施。

1）采用热敏电阻。图 4-5 中，R_1 是正温度系数热敏电阻，当输出电压升高时，R_1 上所加的电压升高，即温度升高，R_1 阻值增加，负反馈增强，A_f 减小，输出幅度下降，当 $A_f = 3$ 时，输出幅度稳定，达到自动稳幅的目的。若热敏电阻是负温度系数，应放置在 R_f 的位置。

2）采用并联二极管进行稳幅。电路如图 4-7 所示。电路的电压增益为

$$A_{uf} = 1 + \frac{R_P + r_d // R_2}{R_1}$$

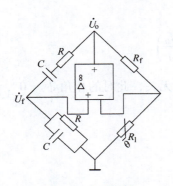

图 4-6 文氏电桥

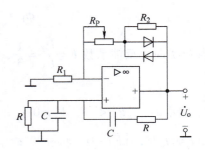

图 4-7 采用并联二极管进行稳幅的电路

随着输出电压升高,反馈支路电流增大,二极管导通电阻 r_d 减小,放大倍数 A_{uf} 减小。最终可以使电路达到 $|\dot{A}_{uf}\dot{F}|=1$,输出幅度稳定。

【例 4-1】 图 4-7 所示 RC 桥式振荡电路中,已知 $R_1=3\text{k}\Omega$,$R_2=5\text{k}\Omega$,$R=10\text{k}\Omega$,$C=0.01\mu\text{F}$,R_P 在 $0\sim10\text{k}\Omega$ 内可调,振幅稳定后二极管呈现的电阻值近似为 $r_d=0.5\text{k}\Omega$。试:

1)求稳定输出正弦波时 R_P 的阻值;
2)求输出正弦波的频率;
3)指出图中二极管的作用。

【解】 1)稳定输出时,$A_u = \dfrac{R_1 + R_P + R_2 // r_d}{R_1} = 3$,代入数据,解得

$$R_P \approx 5.55\text{k}\Omega$$

2)振荡频率:$f_0 = \dfrac{1}{2\pi RC} = \dfrac{1}{2\pi \times 10 \times 10^3 \times 0.01 \times 10^{-6}}\text{Hz} \approx 1.59\text{kHz}$

3)二极管起稳幅作用。

(3)频率可调的 RC 文氏电桥式正弦波振荡电路 图 4-8 所示是频率可调的 RC 文氏电桥式正弦波振荡电路。

调整方法:在 RC 串并联网络中,用双层波段开关接不同电容,实现振荡频率 f_0 的粗调,用同轴双联电位器实现振荡频率的微调。

RC 正弦波振荡电路的特点是电路结构简单、容易起振、频率调节方便,但振荡频率不能太高,一般适用于 $f_0 < 1\text{MHz}$ 的场合。这是由于选频网络中的 R 太小,使放大电路负载加重;C 过小易受寄生电容影响,使 f_0 不稳定,因此使振荡频率受到了限制。

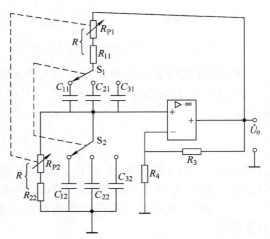

图 4-8 频率可调的 RC 文氏电桥式正弦波振荡电路

4.3.3 LC 正弦波振荡电路

LC 正弦波振荡电路主要用于产生高频正弦波信号。常见的 LC 正弦波振荡电路有变压器反馈式、电感三点式和电容三点式 3 种。LC 正弦波振荡电路是由 LC 并联谐振电路作为选频

网络，所以先讨论 LC 并联谐振电路的频率特性。

1. LC 并联谐振电路的频率特性

LC 并联谐振电路如图 4-9 所示。图中，R 表示电感和回路其他损耗的总等效电阻。LC 并联回路的复阻抗 Z 为

$$Z = \frac{\frac{1}{\mathrm{j}\omega C}(R+\mathrm{j}\omega L)}{\frac{1}{\mathrm{j}\omega C}+(R+\mathrm{j}\omega L)}$$

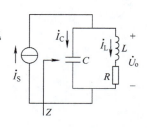

图 4-9 LC 并联谐振电路

通常，$\omega L \gg R$，上式分子中 R 可忽略不计，故上式简化为

$$Z = \frac{\dfrac{L}{C}}{R+\mathrm{j}\left(\omega L - \dfrac{1}{\omega C}\right)} \tag{4-8}$$

（1）谐振频率 当 $\omega L = \dfrac{1}{\omega C}$ 时，电路发生并联谐振，此时 Z 为纯阻性，电压与电流同相。令并联谐振时角频率为 ω_0，则 $\omega_0 = \dfrac{1}{\sqrt{LC}}$，故谐振频率为

$$f_0 = \frac{1}{2\pi\sqrt{LC}} \tag{4-9}$$

引入并联谐振电路的品质因数 Q 表示回路能量损耗大小，其值为

$$Q = \frac{I_L}{I} = \frac{I_C}{I} = \frac{\omega_0 L}{R} = \frac{1}{\omega_0 CR} \tag{4-10}$$

（2）并联谐振电路的谐振阻抗 从式（4-8）和式（4-10）可得谐振时阻抗为

$$Z_0 = \frac{L}{RC} = Q\omega_0 L = \frac{Q}{\omega_0 C} = Q\sqrt{\frac{L}{C}} \tag{4-11}$$

由式（4-8）、式（4-11）可知，LC 并联回路谐振时，阻抗呈纯阻性，而 Q 值越大，谐振时阻抗 Z_0 越大，在相同 L、C 的情况下，R 越小，表示回路谐振时的能量损耗越小。一般，Q 值在几十至几百范围内。

（3）LC 并联谐振电路的频率特性 根据式（4-8）和式（4-10），并联谐振电路阻抗 Z 与角频率的关系为

$$Z = \frac{Z_0}{1+\mathrm{j}Q\left(\dfrac{\omega}{\omega_0}-\dfrac{\omega_0}{\omega}\right)} = \frac{Z_0}{1+\mathrm{j}Q\left(\dfrac{f}{f_0}-\dfrac{f_0}{f}\right)} \tag{4-12}$$

相应的频率特性如图 4-10 所示。

从图 4-10a 中看出，当信号频率 $f=f_0$ 时，具有选频性，此时 $Z=Z_0$，$\phi=0°$，Z 达到最大值并为纯阻性。当 $f \neq f_0$ 时，Z 值减小。Q 值越大，谐振时的阻抗越大，且幅频特性越尖锐，相角随频率变化的程度也越急剧，选择频率的能力越强，效果越好。从图 4-10b 中看出，当 $f>f_0$ 时，其阻抗呈容性；当 $f<f_0$ 时，阻抗呈感性。

2. 变压器反馈式 LC 振荡电路

变压器反馈式 LC 振荡电路如图 4-11 所示。

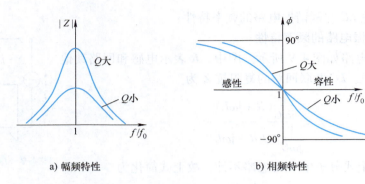

a) 幅频特性　　　　　　　　b) 相频特性

图 4-10　LC 并联谐振电路的频率特性

(1) 电路组成

1) 放大电路。由晶体管构成稳定静态工作点的分压式偏置共发射极放大电路，C_B、C_E 分别为耦合电容和旁路电容，对交流而言，可视为短路。在 $f=f_0$ 时，晶体管的集电极输出与基极输入信号相位相差 180°。

2) 选频网络。LC 并联电路即构成选频网络，同时又成为共发射极放大电路的集电极负载，使放大电路成了选频放大器。

3) 反馈网络。反馈是由变压器二次绕组 N_2 来实现的，将输出部分信号经 C_B 反馈到输入端。变压器二次绕组 N_3 接输出负载。

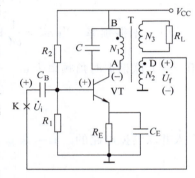

图 4-11　变压器反馈式 LC 振荡电路

(2) 振荡条件判断

1) 相位平衡条件的判断。在图 4-11 中，当 $f=f_0$ 时，晶体管的集电极输出与基极输入信号相位相差 180°。判断该电路是否满足相位平衡条件，只要将图中的反馈端 K 点断开，引入一个频率为 f_0 的输入信号 $\dot U_i$，假定极性为正，根据瞬时极性法，晶体管的集电极（A 点）电位极性与基极相反为负，故变压器绕组 N_1 的 B 端极性为正。由于变压器二次绕组与一次绕组同名端的电位极性相同，故绕组 N_2 的 D 端极性也为正，即 $\dot U_f$ 为正，因此，$\dot U_f$ 与 $\dot U_i$ 同相，满足正弦波振荡的相位平衡条件。上述分析也表明放大电路和反馈网络的相移 $\phi_A = -180°$ 和 $\phi_F = 180°$，故 $\phi_A + \phi_F = 0°$，满足相位平衡条件。

2) 起振条件的判断。由于 LC 并联电路谐振时呈纯阻性，且阻抗 Z 最大，即选频放大器在 $f=f_0$ 时，电压放大倍数最大，可满足幅值平衡条件。

(3) 振荡频率 f_0　变压器反馈 LC 振荡电路的振荡频率与并联 LC 谐振电路相同，谐振频率为

$$f_0 = \frac{1}{2\pi\sqrt{LC}} \tag{4-13}$$

由于变压器耦合的 LC 正弦波振荡电路中的变压器绕组存在匝间分布电容和晶体管极间电容的影响，因此振荡频率不能太高，适用范围为几兆赫至十几兆赫。

3. 电感三点式 LC 振荡电路

电感三点式 LC 振荡电路又称**哈特莱振荡电路**，电路如图 4-12a 所示，其交流通路如

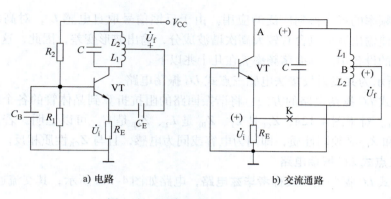

图 4-12 电感三点式 LC 振荡电路

图 4-12b 所示。电路中电感的 3 个端子分别与晶体管的 3 个电极相连,所以称为**电感三点式 LC 振荡电路**。

(1) 电路组成

1) 放大电路。由共基极放大电路组成。C_B 为基极旁路电容,C_E 为耦合电容,LC 并联谐振电路作为晶体管的集电极负载。

2) 选频网络。L_1、L_2 和 C 并联电路构成选频网络,同时又成为共基极放大电路的集电极负载,使放大电路成了选频放大器。

3) 反馈网络。LC 并联回路中,电感分为 L_1 和 L_2 两部分。电感 L_2 上的电压就是反馈电压 $\dot{U}_f$。$\dot{U}_f$ 经 C_E 耦合到发射极输入。

(2) 振荡条件判断

1) 相位平衡条件的判断。在图 4-12b 中,当 $f=f_0$ 时,晶体管的集电极输出与发射极输入信号相位同相。判断该电路是否满足相位平衡条件,只要将图 4-12b 中的反馈端 K 点断开,引入一个频率为 f_0 的输入信号 $\dot{U}_i$,假定极性为正,根据瞬时极性法,晶体管的集电极 A 点电位极性与发射极电位极性相同为正,故电感 L_2 的 B 端极性为正,即 U_f 为正,因此,$\dot{U}_f$ 与 $\dot{U}_i$ 同相,满足正弦波振荡的相位平衡条件。上述分析也表明放大电路和反馈网络的相移 $\phi_A=0°$ 和 $\phi_F=0°$,故 $\phi_A+\phi_F=0°$,满足相位平衡条件。

2) 起振条件的判断。由于 LC 并联电路谐振时呈纯阻性,且阻抗 Z 最大,LC 并联谐振电路是晶体管的负载,即选频放大器在 $f=f_0$ 时,电压放大倍数最大。反馈线圈 L_2 与电感线圈 L_1 是紧耦合,将反馈信号送入晶体管的输入回路。交换反馈线圈的两个线头,可改变反馈的极性。调整反馈线圈的匝数可以改变反馈信号的强度,以使正反馈的幅度条件得以满足。一般 L_2 的匝数为电感线圈总匝数的 $\frac{1}{8} \sim \frac{1}{4}$,就能满足起振条件,抽头的位置一般通过调试决定。

(3) 振荡频率 f_0 电感三点式振荡电路的振荡频率与并联 LC 谐振电路相同,即

$$f_0 = \frac{1}{2\pi\sqrt{(L_1+L_2+2M)C}} \tag{4-14}$$

式中,M 为电感 L_1 和电感 L_2 之间的互感。

如果采用可变电容,则能在较宽的范围内调节振荡频率,所以在收音机、函数信号发生

器等需要改变频率的场合得到广泛的应用。由于反馈信号取自电感 L_2，对高次谐波信号具有较大阻抗，使输出波形也含有较大高次谐波成分，输出波形变差，因此，这种振荡电路常用于要求不高的设备中。其振荡频率 f_0 在几十兆以下。

图 4-13 所示为共发射极接法电感三点式 LC 振荡电路。

分析三点式 LC 振荡电路的方法：将谐振回路的阻抗折算到晶体管的各个电极之间，有 Z_{BE}、Z_{CE}、Z_{CB}。对于图 4-12a，Z_{CE} 是 L_1、Z_{BE} 是 L_2、Z_{CB} 是 C。可以证明，若满足相位平衡条件，则 Z_{BE} 和 Z_{CE} 必须同性质，即同为电容或同为电感，且与 Z_{CB} 性质相反。

4. 电容三点式 LC 振荡电路

电容三点式 LC 振荡电路又称**考毕兹电路**，电路如图 4-14a 所示，其交流通路如图 4-14b 所示。

（1）电路组成

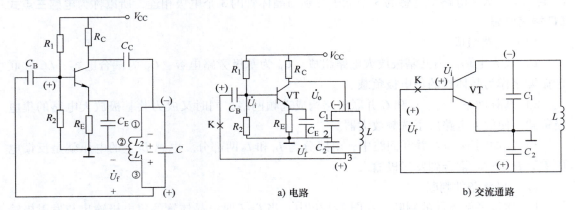

图 4-13　共发射极接法电感三点式 LC 振荡电路

图 4-14　电容三点式 LC 振荡电路

1）放大电路。该电路的放大电路由共发射极放大电路组成。C_B 为基极耦合电容，C_E 为发射极旁路电容，LC 并联谐振电路作为晶体管的集电极负载。

2）选频网络。C_1、C_2 和 L 并联电路构成选频网络，同时又成为共发射极放大电路的集电极负载，使放大电路成了选频放大器。

3）反馈网络。LC 并联回路中，电容有 C_1 和 C_2 两个。电容 C_2 上的电压就是反馈电压 U_f。U_f 经 C_B 耦合到基极输入。

（2）振荡条件判断

1）相位平衡条件的判断。反馈信号取自于电容 C_2 两端的电压，输入到晶体管的基极。如果将反馈回路中 K 点断开，用瞬时极性法判断可知 $\dot{U}_f$ 与 $\dot{U}_i$ 极性相同，故满足相位平衡条件。

2）起振条件的判断。由于 LC 并联电路谐振时呈纯阻性，且阻抗 Z 最大，LC 并联谐振电路是晶体管的负载，即选频放大器在 $f = f_0$ 时，电压放大倍数最大。反馈电压 U_f 取自于电容 C_2 上的电压，只要 C_1 和 C_2 容量取得合理，就能起振。

（3）振荡频率 f_0　电容三点式 LC 振荡电路的振荡频率为

$$f_0 \approx \frac{1}{2\pi\sqrt{LC}} = \frac{1}{2\pi\sqrt{L\dfrac{C_1 C_2}{C_1+C_2}}} \qquad (4\text{-}15)$$

由于 LC 并联回路中，电容 C_1 和 C_2 的 3 个端子分别与晶体管的 3 个电极相连，故称为**电容三点式 LC 振荡电路**。反馈电压取自于电容 C_2 两端的电压，又称为**电容反馈式 LC 振荡电路**。由于反馈电压取自于电容两端的电压，使反馈电压中高次谐波分量较小，输出波形较好。而且由于电容 C_1、C_2 的容量可选得较小，这时应将晶体管极间电容计算到 C_1、C_2 中去，因此振荡频率较高，可以达到 100MHz 以上，但是晶体管的极间电容会随温度变化，影响振荡频率的稳定度。

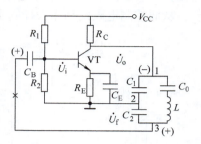

图 4-15　改进型电容三点式 LC 振荡电路

如果采用图 4-15 所示的改进型电容三点式 LC 振荡电路（又称**克拉泼电路**），在电感 L 支路中串联电容 C_0，使谐振频率主要由 L 和 C_0 决定。而 C_1 和 C_2 只起分压作用，这样可选用较大容量的 C_1 和 C_2，减弱极间电容的影响，提高振荡频率的稳定度。图 4-15 所示电路的振荡频率为

$$f_0 \approx \frac{1}{2\pi\sqrt{LC}} = \frac{1}{2\pi\sqrt{L\dfrac{1}{\dfrac{1}{C_1}+\dfrac{1}{C_2}+\dfrac{1}{C_0}}}} \qquad (4\text{-}16)$$

由于 $C_1 \gg C_0$，$C_2 \gg C_0$，式 (4-16) 可写成

$$f_0 \approx \frac{1}{2\pi\sqrt{LC_0}} \qquad (4\text{-}17)$$

【**例 4-2**】　根据振荡的相位条件，判断图 4-16 中各电路能否产生振荡，对能振荡的电路，指出构成何种类型的正弦波振荡电路，并计算振荡频率。

【**解**】　图 4-16a 用瞬时极性法判断：断开反馈支路，在晶体管基极加（+），集电极输出为（-），反馈信号也为（-），所以电路构成负反馈电路，不满足振荡相位条件，不能振荡；图 4-16b 用瞬时极性法判断：断开反馈支路，在晶体管发射极加（+），集电极输出为（+），反馈信号也为（+），所以构成正反馈电路，是电感三点式 LC 振荡电路。其振荡频率为

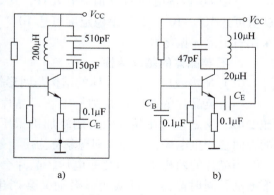

图 4-16　例 4-2 图

$$f_0 = \frac{1}{2\pi\sqrt{LC}} = \frac{1}{2\pi\sqrt{(10+20)\times 10^{-6}\times 47\times 10^{-12}}}\text{Hz} \approx 4.24\times 10^6\text{Hz} = 4.24\text{MHz}$$

（4）应用举例　人体感应开关应用很广，如手靠近水龙头会自动出水、手伸进冲床等危险区会自动停车、人靠近门会自动开门等。

图 4-17 所示为包括电源在内的人体感应开关电路，L 和 C_1、C_2 与晶体管 VT_1 放大电路

组成电容三点式 LC 振荡电路,当无人体靠近时,振荡电路振荡,VT_2、VT_3、VT_4 截止;当人体靠近金属板时,手对地形成感应电容 C_0,使 C_1 和 C_2+C_3 的比值发生变化,导致振荡电路停振,VT_1 集电极电位升高,进而使 VT_2、VT_3、VT_4 导通,继电器 KA 得电,使常开触点闭合,从而控制电磁阀动作去控制水龙头出水、冲床停车等。

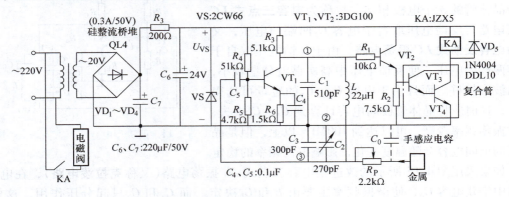

图 4-17 人体感应开关电路

4.3.4 石英晶体正弦波振荡电路

在工程实际应用中,常常要求信号的振荡频率有一定的稳定度,频率稳定度一般用频率的相对变化量 $\Delta f/f_0$ 表示。其中 f_0 是 标称振荡频率。从图 4-10 所示 LC 并联回路的频率特性看出,Q 值越大,选频性能越好,频率的相对变化量越小,即频率稳定度越高。

一般 LC 振荡电路的 Q 值只有几百,其 $\Delta f/f_0$ 值一般不小于 10^{-5},石英晶体振荡电路的 Q 值可达 $10^4 \sim 10^6$,其频率稳定度可达 $10^{-9} \sim 10^{-11}$,因此要求频率稳定度高的场合下,常采用石英晶体振荡电路。

1. 石英晶体的基本特性

(1) 压电效应 石英晶体的结构与图形符号如图 4-18 所示。

当石英晶片的两个电极加一电场,晶片就会产生机械变形。反之,若在晶片的两侧施加机械压力,在相应的方向会产生电场,这种物理现象称为 压电效应。

当晶片的两极上施加交变电压,晶片会产生机械变形振动,同时晶片的机械变形振动又会产生交变电场,在一般情况下,这种机械振动和交变电场的幅度都非常微小。当外加交变电压的频率与晶片的固有振荡频率相等时,振幅急剧增大,这种现象称为 压电谐振。石英晶片的谐振频率完全取决于晶片的切片方向及其尺寸和几何形状等。

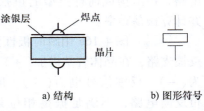

图 4-18 石英晶体的结构与图形符号

(2) 等效电路 石英晶片的压电谐振和 LC 回路的谐振现象十分相似,其等效电路如图 4-19 所示。图中,C_0 为金属极板间的静电电容,为几至几十皮法。L 和 C 分别模拟晶片振动时的惯性和弹性,R 用于模拟晶片振动时的摩擦损耗。由于晶片的 L 很大,为 $10^{-3} \sim 10^{-2}$ H,而 C 很小,仅为 $10^{-2} \sim 10^{-1}$ pF,R 也很小,所以回路品质因数 Q 很大。因此,利用石英晶体组成的振荡电路有很高的频率稳定度。

（3）石英晶体正弦波振荡电路的频率特性 当忽略 R 时，晶体呈纯电抗性，它的电抗频率特性 $X = F(f)$，如图 4-20 所示。频率在 $f_s \sim f_p$ 范围内，电抗为正值，呈感性，而在其他频段内电抗为负值，呈容性。由图 4-19 可知，它有两个谐振频率，串联谐振频率 f_s 和并联谐振频率 f_p。

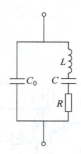

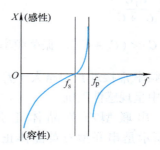

图 4-19 石英晶片的等效电路　　　　　　图 4-20 石英晶体电抗频率特性

当 L、C、R 支路发生串联谐振时，等效阻抗最小，若不考虑损耗电阻 R，这时 $X = 0$，串联谐振频率为

$$f_s = \frac{1}{2\pi\sqrt{LC}} \tag{4-18}$$

当频率高于 f_s 时，L、C、R 支路呈感性，它与电容 C_0 发生并联谐振时，等效电阻最大，当忽略 R 时，回路的并联谐振频率为

$$f_p = \frac{1}{2\pi\sqrt{L\left(\dfrac{C_0 C}{C_0 + C}\right)}} = \frac{1}{2\pi\sqrt{LC}}\sqrt{1 + \frac{C}{C_0}} \tag{4-19}$$

由于 $C \ll C_0$，f_s 与 f_p 非常接近。

2. 石英晶体正弦波振荡电路分类

石英晶体正弦波振荡电路分类的基本形式有两类：一类是并联型，它是利用晶体工作在并联谐振状态下，频率在 f_s 与 f_p 之间晶体阻抗呈感性的特点，与两个外接电容组成电容三点式正弦波振荡电路；另一类是串联型，它是利用晶体工作在串联谐振时阻抗最小，且为纯阻性的特性来构成石英晶体正弦波振荡电路。

（1）并联型石英晶体正弦波振荡电路　图 4-21a 所示电路中，石英晶体作为电容三点式

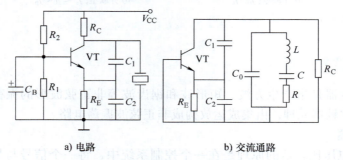

a) 电路　　　　　　　b) 交流通路

图 4-21 并联型石英晶体正弦波振荡电路

LC 振荡电路的感性元件，其交流通路如图 4-21b 所示。电路的振荡频率为

$$f_0 = \frac{1}{2\pi \sqrt{L \dfrac{C(C_0 + C')}{C + C_0 + C'}}}$$

式中，$C' = \dfrac{C_1 C_2}{C_1 + C_2}$。

由于 $C \ll (C_0 + C')$，振荡频率为 $f_0 \approx \dfrac{1}{2\pi \sqrt{LC}} = f_s$。

振荡频率 f_0 接近 f_s 但略大于 f_s，可见石英谐振器在电路中呈现感性阻抗。

（2）串联型石英晶体正弦波振荡电路 图 4-22 所示是串联型石英晶体正弦波振荡电路。当频率等于石英晶体的串联谐振频率 f_s 时，晶体阻抗最小，且为纯阻性。用瞬时极性法可判断出这时电路满足相位平衡条件，而且当 $f_0 = f_s$ 时，由于晶体为纯阻性，阻抗最小，正反馈最强，电路产生正弦波振荡。振荡频率等于晶体串联谐振频率 f_s。

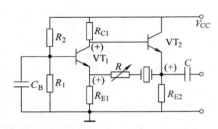

图 4-22　串联型石英晶体正弦波振荡电路

由于石英晶体特性好、安装简单、调试方便，所以石英晶体在电子钟和手表、电子计算机等领域得到广泛的应用。

图 4-23 所示为利用石英晶体品质因数高的特点所构成的 LC 振荡电路，图 4-23a 所示为串联型，$f_0 = f_s$，图 4-23b 所示为并联型，$f_s < f_0 < f_p$。

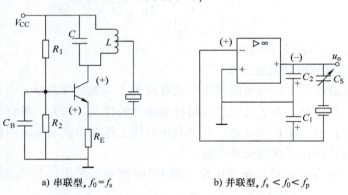

a) 串联型，$f_0 = f_s$　　　　b) 并联型，$f_s < f_0 < f_p$

图 4-23　LC 振荡电路

4.3.5　非正弦波发生器

非正弦波发生器是指产生方波、矩形波和锯齿波等非正弦波形的振荡电路，主要利用比较器原理，由集成运放构成非正弦波振荡电路。

1. 电压比较器

（1）概述　电压比较器的原理是在一个控制系统中，将一个信号与另一个给定的基准信号进行比较，根据比较结果，输出高或低电平的开关量电压信号，去实现

电压比较器

对目标的动作控制。

1) 电压传输特性。比较器输出电压 u_o 和输入电压 u_i 之间的函数关系,称为比较器**电压传输特性**。比较器输出只有两个状态:高电平 U_{oH} 或低电平 U_{oL},而输入信号一般是连续变化信号。使输出电压 u_o 从 U_{oH} 跃变为 U_{oL},或者从 U_{oL} 跃变为 U_{oH} 的输入电压称为**阈值电压** U_T。比较器一般由集成运放构成,设运放同相和反相输入端电压分别为 U_+ 和 U_-,有

$$\begin{cases} U_o = U_{oL} & \text{当 } U_- > U_+ \text{ 时} \\ U_o = U_{oH} & \text{当 } U_- < U_+ \text{ 时} \end{cases} \quad (4\text{-}20)$$

2) 电压比较器的类型。电压比较器的类型有单值比较器、迟滞比较器和窗口比较器。单值比较器只有一个阈值电压,而迟滞比较器和窗口比较器具有两个阈值电压。

3) 电压比较器的基本特点。电压比较器一般工作在开环或正反馈状态,其增益很大。输入电压和输出电压之间的关系不再是线性关系,即集成运放工作在非线性区。

(2) 单值电压比较器

1) 电路结构。单值电压比较器的电路图如图 4-24a 所示。

2) 工作原理及传输特性。电路为开环工作状态。加在反相输入端的信号 u_S 与同相输入端给定的基准信号 U_{REF} 进行比较。若为理想运放,其开环电压放大倍数近于无穷大,因此有

$$\begin{cases} u_o = -U_{oM} & u_{id} = u_- - u_+ = u_S - U_{REF} > 0 \\ u_o = U_{oM} & u_{id} = u_- - u_+ = u_S - U_{REF} < 0 \end{cases} \quad (4\text{-}21)$$

式中,u_{id} 为运放输入端的差模输入电压;$-U_{oM}$ 和 U_{oM} 为运放负向和正向输出电压最大值,此值由运放电源电压和器件参数决定。

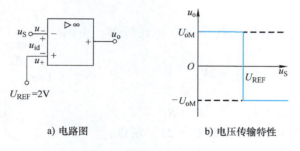

a) 电路图　　　　b) 电压传输特性

图 4-24　单值电压比较器

由式(4-21)可做出电压传输特性,如图 4-24b 所示。若输入信号 $u_S < U_{REF}$,输出为 U_{oM},当 u_S 由小变大,只要稍微大于 U_{REF},则输出由 U_{oM} 跃变为 $-U_{oM}$;反之,输入信号 u_S 由大变小,只要稍微小于 U_{REF},输出由 $-U_{oM}$ 跃变为 U_{oM}。只要调节 U_{REF} 就可方便地改变阈值电压。

如果将 u_S 加在同相输入端,而 U_{REF} 加在反相输入端,这时的电压传输特性如图 4-24b 中虚线所示。

若在图 4-24a 所示电路中,$U_{REF} = 0$,即同相输入端直接接地,这时的电压传输特性将平移到与纵坐标重合,称之为**过零比较器**,如图 4-25 所示。

为限制运放的差模输入电压 u_{id} 过大损坏运放,应进行输入和输出限幅,可在输入端加

二极管限幅，以及在输出端加双向稳压管限幅，如图4-26所示。这样使输入限制在±0.7V左右，R_1和R_2为二极管限流电阻及运放平衡电阻。R_3为稳压管的限流电阻，则输出电压的最大值为$U_{oM} = \pm U_{VS}$。

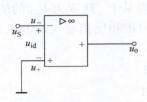

图4-25 过零比较器

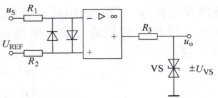

图4-26 具有限幅电路的比较器

如果将基准电压U_{REF}和输入电压u_S分别通过电阻加入运放的同一个输入端，就构成另一形式的单值电压比较器，如图4-27所示。其阈值电压由U_{REF}和u_S共同决定。改变U_{REF}的大小可以改变阈值电压。

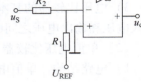

图4-27 U_{REF}和u_S共同决定阈值电压的比较器

由叠加原理得

$$u_- = \frac{R_2}{R_1 + R_2}u_S + \frac{R_1}{R_1 + R_2}U_{REF}$$

它与$u_+ = 0$比较，可求出阈值电压U_T为

$$U_T = -\frac{R_2}{R_1}U_{REF} \tag{4-22}$$

【例4-3】 电路如图4-28所示。设运放是理想的，且$U_{REF1} = U_{REF2} = 2V$，$U_{VS} = 6V$，$R_1 = R_2 = R_3 = 2k\Omega$。试画出比较器的传输特性；若输入信号为$u_i = 6\sin\omega t(V)$，试画出输出信号的波形。

【解】 这是一反相端输入的单值电压比较器，由图可得

$$u_+ = U_{REF2} = 2V$$

$$u_- = u_i\frac{R_2}{R_1 + R_2} + U_{REF1}\frac{R_1}{R_1 + R_2}$$

当$u_+ = u_-$时，求得$u_i = 2V$，即$U_T = 2V$，所以，

当$u_+ > u_-$，即$u_i < 2V$时，$u_o = 6V$；

当$u_+ < u_-$，即$u_i > 2V$时，$u_o = -6V$。

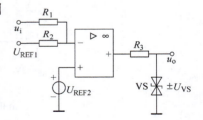

图4-28 例4-3图

该比较器的电压传输特性和输出波形如图4-29所示。

3）特点及应用。单值电压比较器结构简单，灵敏度高，但抗干扰能力较差，可用于检测输入信号的电平是否高于或低于某个给定的门限电平。

（3）迟滞比较器

1）电路结构。迟滞比较器也称为**滞回比较器**，电路图如图4-30a所示。它是从输出端引一个电阻分压支路到同相输入端，由电阻R_2构成正反馈，输出电压$u_o = \pm U_{oM}$。

2）工作原理及传输特性。当$u_+ = u_-$时，电路输出状态发生翻转，据此可求得电路的阈值电压。

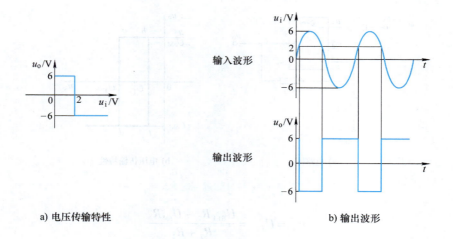

a) 电压传输特性　　　　　　　　　　　　b) 输出波形

图 4-29　电压传输特性和输出波形

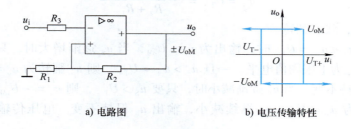

a) 电路图　　　　　　　　　　　　b) 电压传输特性

图 4-30　迟滞比较器

$$\begin{cases} U_{T+} = \dfrac{R_1}{R_1+R_2}U_{oM} \\ U_{T-} = -\dfrac{R_1}{R_1+R_2}U_{oM} \end{cases} \tag{4-23}$$

回差电压

$$\Delta U = U_{T+} - U_{T-} = \dfrac{2R_1}{R_1+R_2}U_{oM} \tag{4-24}$$

式中，U_{T+} 为<u>上限阈值电压</u>；U_{T-} 为<u>下限阈值电压</u>。

当输入电压 u_i 从很小逐渐增大，且 $u_i \leq U_{T+}$ 时，$u_o = U_{oM}$；当输入电压 $u_i > U_{T+}$ 时，u_o 从 U_{oM} 变为 $-U_{oM}$。

当 u_i 逐渐减小，且在 $u_i = U_{T-}$ 以前，u_o 始终等于 $-U_{oM}$；当 $u_i < U_{T-}$ 时，u_o 从 $-U_{oM}$ 变为 U_{oM}。因此出现了图 4-30b 所示的电压传输特性。该电路也称<u>施密特触发器</u>。

将 R_1 下端不直接接地，接入基准电压 U_{REF} 就构成上下限阈值电平不对称迟滞比较器，电路图如图 4-31a 所示。

$$u_+ = U_T = \dfrac{U_{REF}R_2}{R_2+R_1} \pm \dfrac{U_{oM}R_1}{R_2+R_1}$$

当 $u_S > u_+$ 时，$u_o = -U_{oM}$，

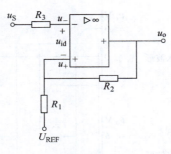

a) 电路图　　　　　　　　　b) 电压传输特性

图 4-31　不对称迟滞比较器

$$u_+ = U_{T-} = \frac{U_{REF}R_2 - U_{oM}R_1}{R_2 + R_1}$$

当 $u_S < u_+$ 时，$u_o = U_{oM}$，

$$u_+ = U_{T+} = \frac{U_{REF}R_2 + U_{oM}R_1}{R_2 + R_1}$$

当 $u_S = u_+$ 时，状态翻转。

在输入信号 $u_S < u_+ = U_{T-}$ 时，输出为 $u_o = U_{oM}$，当 u_S 逐渐增大时，只要 $u_S < U_{T+}$，则 $u_o = U_{oM}$ 不变，U_{T+} 为上限阈值电平，一旦 $u_S > u_+ = U_{T+}$，则 u_o 翻转为 $u_o = -U_{oM}$，u_S 继续增大，输出 u_o 保持不变；当 u_S 逐渐减小时，只要 $u_S > U_{T-}$，则 $u_o = -U_{oM}$ 不变，一旦 $u_S < U_{T-}$，则 u_o 翻转为 $u_o = U_{oM}$，u_S 继续减小，输出 u_o 保持不变。电压传输特性如图 4-31b 所示。

3）特点及应用。抗干扰能力较强，一般用于波形的形成和变换。

（4）窗口比较器

1）电路结构。窗口比较器的电路图如图 4-32a 所示。电路由两个幅度比较器和一些二极管与电阻构成，$U_{R+} > U_{R-}$。

2）工作原理及传输特性。当 $u_i > U_{R+}$ 时，A_1 的输出 u_{o1} 为高电平，VD_1 截止；A_2 的输出 u_{o2} 为低电平，VD_2 导通，$u_o = u_{o2}$，为低电平。当 $u_i < U_{R-}$ 时，u_{o2} 为高电平，VD_2 截止；u_{o1} 为低电平，VD_1 导通，$u_o = u_{o1}$，为低电平。当 $U_{R+} > u_i > U_{R-}$ 时，u_{o1} 为高电平，u_{o2} 为高电

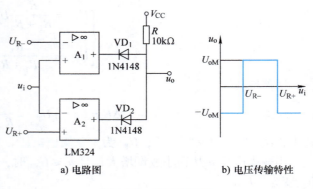

a) 电路图　　　　　　　　　b) 电压传输特性

图 4-32　窗口比较器

平，VD_1、VD_2 截止，u_o 为高电平。窗口比较器的电压传输特性如图 4-32b 所示。该比较器有两个阈值电压，传输特性曲线呈窗口状，故称为窗口比较器。

3）应用。窗口比较器用于检测输入信号的电平是否处在两个给定的参考电压之间。

2. 方波发生器

（1）电路结构　方波发生器是由迟滞比较器和积分电路构成的，电路图如图 4-33a 所示。

方波发生器

（2）工作原理及波形分析　电源刚接通时，设 $u_C=0$，$u_o=U_{VS}$，所以 $U_{T+}=U_+=\dfrac{R_2 U_{VS}}{R_1+R_2}$，$u_o$ 通过 R_3 对电容 C 充电，u_C 升高。当 $u_C=U_-\geq U_+$ 时，

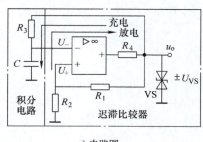

a) 电路图

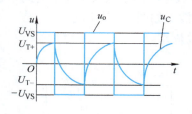

b) 输出波形

图 4-33　方波发生器

输出翻转，$u_o=-U_{VS}$，因此 $U_{T-}=U_+=-\dfrac{R_2 U_{VS}}{R_1+R_2}$，电容 C 开始通过 R_3 和 u_o 到地形成放电回路，u_C 开始下降。当 $u_C=U_-\leq U_+$ 时，输出翻转，$u_o=U_{VS}$，返回初态。如此周而复始产生振荡。电路的输出波形如图 4-33b 所示。由于充电和放电时间常数相同，输出 u_o 的高低电平宽度相等，故称为**方波发生器**。在脉冲电路中，将矩形波中高电平的时间 T_H 与周期 T 之比称为**占空比 q**，故该方波发生器的波形占空比为

$$q=\dfrac{T_H}{T}=50\%\tag{4-25}$$

（3）振荡周期　方波的周期 T 用过渡过程公式可以方便地求出

$$T=2R_3 C\ln\left(1+\dfrac{2R_2}{R_1}\right)\tag{4-26}$$

（4）电路特点　改变 R_3、C 及 R_2/R_1 的比值，可改变振荡周期 T。

【例 4-4】　电路如图 4-33a 所示，已知电容 $C=0.01\mu F$，$R_3=10k\Omega$，$R_1=5k\Omega$，$R_2=4.3k\Omega$，$R_4=2k\Omega$，$U_{VS}=6V$。试画出输出电压 u_o 和电容 C 两端电压 u_C 的波形，标出它们的最大值和最小值。

【解】　图 4-33a 为方波发生电路，可得

$$U_{T+}=\dfrac{R_2}{R_1+R_2}U_{oH}=\dfrac{4.3}{5+4.3}\times 6V\approx 2.8V$$

$$U_{T-}=\dfrac{R_2}{R_1+R_2}U_{oL}=\dfrac{4.3}{5+4.3}\times(-6)V\approx -2.8V$$

集成运放构成的方波产生电路仿真测试

u_o、u_C 波形如图 4-34 所示。$U_{oH}=6V$，$U_{oL}=-6V$；$u_{C(max)}=\pm 2.8V$。

（5）占空比可调的矩形波发生器

1）电路结构。为了改变输出方波的占空比，应改变电容 C 的充电和放电时间常数。占空比可调的矩形波电路如图 4-35a 所示。

2) 工作原理及波形分析。C 充电时，充电电流经电位器的下半部 R_{P2}、二极管 VD_2、R_3；C 放电时，放电电流经 R_3、二极管 VD_1、电位器的上半部 R_{P1}。由于充、放电的路径不同，就可以使充、放电时间常数不同，这样就得到了占空比可调的矩形波。

在如图 4-35a 所示电路中调节电位器 R_P，使 $R_{P1} > R_{P2}$，则电容放电时间常数大于充电时间常数，则 $T_L > T_H$，其输出波形如图 4-35b 所示。

3) 振荡周期。

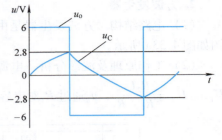

图 4-34 u_o、u_C 波形

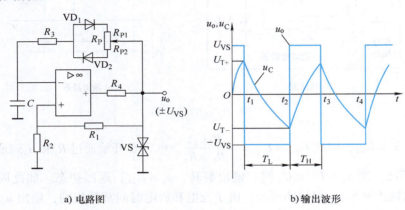

a) 电路图　　　　　　　　b) 输出波形

图 4-35 占空比可调的矩形波发生器

占空比为
$$q = \frac{T_H}{T} = \frac{\tau_2}{\tau_1 + \tau_2} \tag{4-27}$$

时间常数为
$$\tau_1 = (R_{P1} + r_{d1} + R_3)C \tag{4-28}$$
$$\tau_2 = (R_{P2} + r_{d2} + R_3)C \tag{4-29}$$

式中，R_{P1} 为电位器中点到上端的电阻；R_{P2} 为电位器中点到下端的电阻；r_{d1} 和 r_{d2} 分别为二极管 VD_1、VD_2 的导通电阻。控制 τ_1 和 τ_2 的比值即可得到占空比不同的波形。

若忽略二极管的正向导通等效电阻不计，其振荡周期为
$$T = (2R_3 + R_P)C\ln\left(1 + \frac{2R_2}{R_1}\right) \tag{4-30}$$

4) 电路特点。通过调节 R_P，可改变输出波形的占空比。

3. 三角波发生器

三角波发生器电路图如图 4-36a 所示。它是由迟滞比较器 A_1 和反相积分器 A_2 构成。比较器的输入信号就是积分器的输出电压 u_o，而比较器的输出信号加到积分器的输入端。

由叠加定理可得 A_1 同相输入端的输入电压为
$$u_+ = \frac{R_2}{R_2 + R_f}u_{o1} + \frac{R_f}{R_2 + R_f}u_o \tag{4-31}$$

式中，u_{o1} 为比较器的输出电压，其值等于双向稳压管的稳压值 $\pm U_{VS}$。由式(4-31)可知，u_+

既受比较器输出电压的影响,又受积分器输出电压的影响。当 $u_{o1}=U_{VS}$ 时,积分器的输入电压为正值,其输出电压 u_o 随时间线性下降,同时也使 u_+ 下降。当 u_+ 由正值过零变负时,比较器 A_1 翻转,其输出电压 u_{o1} 由 U_{VS} 迅速跃变为 $-U_{VS}$。此时积分器的输出电压也降至最低点。

随后,由于积分器的输入电压为负值 $-U_{VS}$,其输出电压 u_o 随时间线性上升,同时也使 u_+ 上升。当 u_+ 由负值过零变正时,比较器也翻转,其输出电压 u_{o1} 由 $-U_{VS}$ 迅速跃变为 U_{VS}。此时积分器的输出电压也升至最高点。

此后,$u_{o1}=U_{VS}$,又重复前述过程,如此周期性地变化下去。这样,在比较器的输出端产生矩形波,积分器的输出端产生三角波,如图 4-36b 所示。矩形波的幅值为 U_{VS},三角波的幅值为 $(R_2/R_f)U_{VS}$,三角波的周期为

集成运放构成的三角波产生电路仿真测试

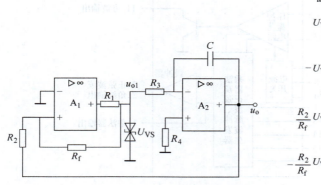

a) 电路图

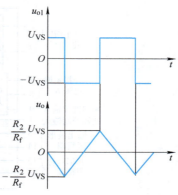

b) 波形图

图 4-36 三角波发生器

$$T=\frac{4R_2}{R_f}R_3C \tag{4-32}$$

因此,改变 R_2 与 R_f 的比值或 R_3C 充、放电电路的时间常数,即可改变输出电压的频率。

此外,改变积分电路的输入电压值(即被积分电压)也可以改变输出三角波的频率。图 4-37 所示为频率可调的三角波发生器。调节电位器 R_P,减小被积分电压,则积分电路输出电压 u_o。使比较器同相端输入电压 u_+ 为零所需的时间增加,三角波频率降低。

4. XR-2206 单片集成函数发生器及其应用

XR-2206 单片集成函数发生器,外接少量阻容元件能产生高稳定度和高精度的正弦波、方波、三角波、锯齿波和矩形脉冲波信号,并且在

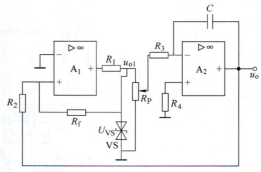

图 4-37 频率可调的三角波发生器

外加电压控制作用下，还能实现调幅或调频波信号输出，信号频率调节范围为 0.01Hz～1MHz；还可用于电压/频率转换器、调制和解调器及频移键控（FSK）信号发生器。故应用范围较广，使用方便，输出波形较好。

（1）内部电路及引脚功能　　XR–2206 为 16 脚塑封双列直插式集成电路，内部结构电路及引脚功能如图 4-38 所示。振荡频率由外接定时电容 C 和电阻 R 决定。其主要性能参数为：电源电压 10～26V；当 $C=1000\text{pF}$、$R=1\text{k}\Omega$ 时，振荡频率为最大，频率 1MHz；当 $C=50\mu\text{F}$、$R=2\text{M}\Omega$ 时，振荡频率为最小，频率 0.01Hz；频率精度 $\pm(1\sim4)\%$；温度频率稳定度 $\pm 2\times 10^{-5}/℃$；输出阻抗为 600Ω。内部功能模块有压控振荡电路，电流开关和乘法器及正弦波、脉冲波发生器，输出电路为缓冲器及集电极开路的晶体管。

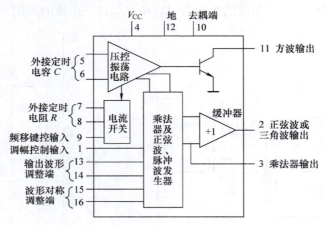

图 4-38　XR–2206 内部结构电路及引脚功能

（2）正弦波、三角波、方波发生应用电路　　如图 4-39 所示，XR–2206 用于正弦波、三角波、方波发生电路，其中当开关 S_1 闭合时，引脚 2 输出为正弦波；S_1 断开时，输出为三角波。引脚 11 由于内部晶体管集电极开路，故需外接电阻再接电源 V_{CC}。这样引脚 11 输出为方波。电路输出波形频率为

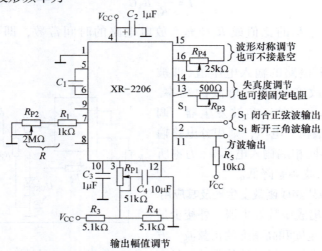

图 4-39　正弦波、三角波、方波发生应用电路

$$f_0 = \frac{1}{RC_1} \tag{4-33}$$

输出直流电平为 $V_{CC}/2$。定时电路 C_1 取值范围为 $1000\text{pF} \sim 50\mu\text{F}$,定时电阻 R 取值范围为 $1\text{k}\Omega \sim 2\text{M}\Omega$。频率调节范围为 $0.01\text{Hz} \sim 1\text{MHz}$,失真度 $< 2.5\%$,输出振幅大小由引脚 3 上电位器调节。对正弦波,引脚 3 上电位器 R_{P1} 的阻值输出幅值当量约为 $60\text{mV/k}\Omega$($U_{\text{P-P}}$),而三角波约为 $160\text{mV/k}\Omega$。

(3) 锯齿波/矩形脉冲发生应用电路 图 4-40 所示为锯齿波/矩形脉冲发生应用电路。引脚 2 输出为锯齿波,引脚 11 输出为矩形脉冲波。其输出频率由式(4-34)决定,即

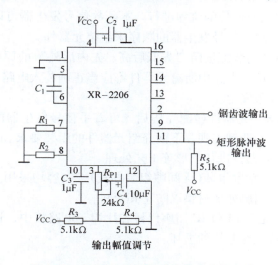

图 4-40 锯齿波/矩形脉冲波发生应用电路

$$f = \frac{2}{C_1}\left(\frac{1}{R_1 + R_2}\right) \tag{4-34}$$

占空比为

$$q = \frac{R_1}{R_1 + R_2} \tag{4-35}$$

R_1 和 R_2 的阻值选用范围为 $1\text{k}\Omega \sim 2\text{M}\Omega$,配置 R_1 和 R_2 的阻值,占空比可从 $1\% \sim 99\%$ 调节。输出幅值同样由引脚 3 上电位器 R_{P1} 调节。

4.4 项目制作与调试

4.4.1 项目原理分析

图 4-1 所示电路由 RC 文氏电桥式振荡电路、迟滞比较器及反相积分电路 3 部分所组成。其中 RC 文氏电桥式振荡电路产生正弦波信号 u_{o1},二极管 VD_1、VD_2 与电阻 R_1 并联实现稳幅作用;以 A_2 为主要核心器件的迟滞比较器将正弦信号转换为方波信号 u_{o2};以 A_3 为核心器件的积分电路将前一级输出的方波信号转换成三角波信号 u_{o3}。

函数信号发生器的制作与调试

4.4.2 元器件检测

为了确保电路在正确安装的情况下正常工作,减少不必要的返工,在组装前应对所有的电子元器件进行检测。本项目所用各种元器件的测试方法在前面的几个项目中已有详细介绍,请参考有关项目知识。

4.4.3 电路安装与调试

(1) 组装的基本步骤

1) 电路的组装一般按照信号的流程进行。本函数信号发生器可以按照正弦波信号发生器→方波信号发生器→三角波信号发生器的顺序来组装元器件。

2) 电路板中各元器件的装配按照"先低后高、先内后外"的原则,按电阻、电容、二极管、芯片底座等顺序焊接。电路中所有元器件都应当正确装入电路板适当位置,焊接时确保无错焊、漏焊、虚焊现象发生。

(2) 组装的工艺要求 元器件检测完毕后,可着手信号发生器的组装。组装时要求元器件位置准确、排列整齐、造型美观。下面介绍元器件的组装要求。

1) 组装之前,应对元器件进行整形等工艺处理。

2) 电阻的组装可采用贴紧组装(无间隙组装方式),电容均采用直立组装方式,而对于大容量的电容,则应在其引脚处加衬垫以防止其歪斜。

3) LM324 的组装。先用 14 脚 IC 插座代替芯片焊于电路板中,这样可便于芯片的更换且能防止在焊接时过热造成对芯片的损坏。

(3) 电路调试

1) 检查电路是否正确,通电检测。

2) 用示波器观测正弦波、方波和三角波 3 种波形,看波形是否失真。

3) 测量各种输出波形的频率。

4) 测量输出电压变化范围。

(4) 故障分析

1) 振荡电路未起振或集成运放正、负电源接反会出现没有正弦波信号输出的现象。

2) 调节电位器 R_p 可改善波形失真情况。

3) 正弦波振荡电路开路或方波发生器开路都会出现没有方波信号输出的现象。

4) 方波发生器开路或集成运放正、负电源接反都会出现没有三角波信号输出的现象。

4.4.4 实训报告

实训报告格式见附录 A。

4.5 项目总结与评价

4.5.1 项目总结

1) 振荡电路是一种不需要外接输入信号就能将直流电转换成具有一定频率、幅度和波形的交流电的电路。振荡器分为正弦波振荡电路和非正弦波振荡电路。

2）自激振荡条件：幅值平衡条件为 $|\dot{A}\dot{F}|=1$；相位平衡条件为 $\phi_A+\phi_F=2n\pi$。正弦波振荡器的起振条件为 $|\dot{A}\dot{F}|>1$，$\phi_A+\phi_F=2n\pi$。

3）要形成振荡，电路中必须包含以下组成部分：放大电路、正反馈网络、选频网络和稳幅电路。

4）根据选频网络组成元器件的不同，正弦波振荡电路通常分为 RC 正弦波振荡电路（产生数百千赫的低频信号）、LC 正弦波振荡电路（产生数百千赫以上的高频信号）和石英晶体正弦波振荡电路。

5）LC 正弦波振荡电路分为变压器反馈式 LC 振荡电路、电感三点式 LC 振荡电路和电容三点式 LC 振荡电路。

6）石英晶体正弦波振荡电路有并联型和串联型两大类。

7）非正弦波发生器是以集成运放构成的比较器为基础的，电压比较器主要有单值电压比较器、迟滞比较器和窗口比较器。迟滞比较器是方波、矩形波、锯齿波发生器的主要组成部分。

8）阈值电压是分析比较器的主要参数。

4.5.2 项目评价

本项目评价原则及要求与项目 1 评价原则一致，仍然是"过程考核与综合考核相结合，理论与实践考核相结合，教师评价与学生评价相结合"的原则，本项目占 6 个项目总分值的 20%，具体评价内容参考表 4-2。

表 4-2 项目 4 评价表

考核项目	考核内容及要求	分值	学生评分(50%)	教师评分(50%)	得分
电路制作	1）能正确检测元器件 2）能制订详细的实施流程与电路调试步骤 3）电路板设计制作合理，元器件布局合理，焊接规范	30 分			
电路调试	1）能正确测量出函数信号发生器电路的技术指标 2）能正确判断电路故障原因并及时排除故障 3）能正确使用仪器仪表	30 分			
实训报告编写	1）语言表达准确，逻辑性强 2）格式标准，内容充实、完整 3）有详细的项目分析、制作、调试过程及数据记录	20 分			
综合职业素养	1）学习、工作积极主动，遵时守纪 2）团结协作精神好 3）踏实勤奋，严谨求实	10 分			
小组汇报总评	1）电路结构设计、原理说明 2）电路制作与调试总结	10 分			
总分		100 分			

4.6 仿真测试

1. 仿真目的

1）掌握 RC 正弦波振荡电路、LC 正弦波振荡电路、方波发生器的工作原理及电路结构。

2）观察各振荡电路的起振过程和输出波形，测试振荡信号电压幅值与频率。

2. 仿真电路（见图 4-41 ~ 图 4-43）

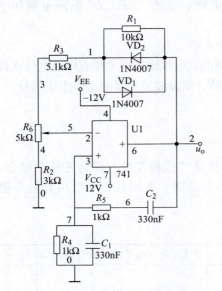

图 4-41 RC 正弦波振荡电路

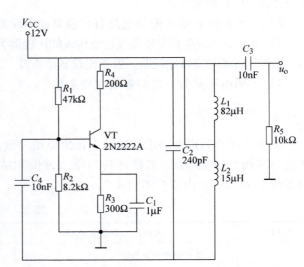

图 4-42 电感三点式 LC 正弦波振荡电路

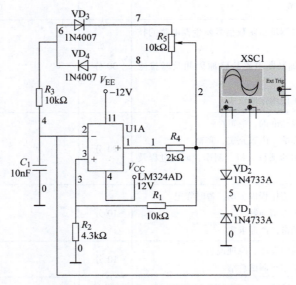

图 4-43 占空比可调的方波发生器

3. 测试内容

（1）RC 正弦波振荡电路仿真测试。按图 4-41 建立仿真电路并运行，调节电位器，用示波器观察电路起振过程，待输出信号稳定时，测试振荡信号的周期和频率；调节电位器，观察振荡信号波形失真情况，测量最大不失真输出电压幅度。

改变电源电压数值，再测试最大不失真输出电压幅度；改变 RC 串并联网络的电容或电阻，再测试振荡信号的周期和频率。

RC正弦波振荡电路仿真测试

（2）电感三点式 LC 正弦波振荡电路仿真测试　按图 4-42 建立仿真电路并运行，用示波器观察电路起振过程，待输出信号稳定时，测试振荡信号的周期和频率，并与理论值相比较。

电感三点式LC正弦波振荡电路仿真测试

（3）占空比可调的方波发生器仿真测试　按图 4-43 建立仿真电路并运行，观察电路输出波形及电容两端电压波形，测量输出信号的频率、周期、占空比、脉冲幅度、脉冲上升时间和脉冲下降时间；改变电位器，再测量输出信号的频率、周期、占空比、脉冲幅度、脉冲上升时间和脉冲下降时间。

思考：占空比增加时，电路中电位器的滑动触头应上移还是下移？

占空比可调的方波发生器仿真测试

4.7　习题

1. 填空题

（1）正弦波振荡电路的振荡条件中，幅值平衡条件是指_____，相位平衡条件是指_____，后者实际上要求满足_____反馈。

（2）在 RC 桥式正弦波振荡电路中，通过 RC 串并联网络引入的反馈是_____反馈。

（3）根据反馈形式的不同，LC 正弦波振荡电路可分为_____反馈式和三点式两类，其中三点式正弦波振荡电路又分为_____三点式和_____三点式两种。

（4）LC 并联谐振电路发生谐振时，等效为_____。LC 振荡电路的谐振频率，取决于 LC 并联谐振电路的_____。

（5）电容三点式和电感三点式两种正弦波振荡电路相比，容易调节频率的是_____三点式电路，输出波形较好的_____三点式电路。

（6）RC 串并联网络中，当外加信号频率 f 达到电路的固有频率 f_0 =_____时，其输出电压是输入电压的_____，而其相位差为_____。因此组成 RC 串并联正弦波振荡电路，必须配以电压放大倍数 $A_u \geq$ _____的_____相放大电路。

（7）在正弦波振荡电路中，非线性稳幅电路不仅能使输出电压幅值稳定，同时也能减小_____。

（8）由集成运放组成的电压比较器，其关键参数阈值电压是指使输出电压发生跳变时的输入电压值。只有一个阈值电压的比较器称为_____比较器，而具有两个阈值电压的比较器称为_____比较器或_____比较器。

（9）一迟滞比较器，当输入信号增大到 3V 时输出信号发生负跳变，当输入信号减小到 -1V 时发生正跳变，则该迟滞比较器的上门限电压是_____，下门限电压是_____，回差电压是_____。

2. 判断题

（1）若放大电路中存在着负反馈，则不可能产生自激振荡。（　　）

（2）在 RC 串并联正弦波振荡电路的同相比例放大电路中，负反馈支路的反馈系数 $F = U_f/U_o$ 越小，电路越容易起振。（　　）

（3）在 RC 串并联正弦波振荡电路中，若 RC 串并联选频网络中的电阻均为 R，电容均为 C，则其振荡频率 $f_0 = 1/RC$。（　　）

（4）非正弦波振荡电路与正弦波振荡电路的振荡条件完全相同。（　　）

（5）振荡电路中的放大电路都由集成运放构成。（　　）

（6）RC 桥式振荡电路中，RC 串并联网络既是选频网络又是正反馈网络。（　　）

（7）并联型石英晶体正弦波振荡电路中，石英晶体的作用相当于电感；串联型石英晶体正弦波振荡电路中，石英晶体的作用相当于电容。（　　）

（8）在迟滞比较器电路中输出端电压通过反馈支路必须将信号反馈到集成运放的同相输入端。（　　）

（9）单值电压比较器中的集成运放工作在非线性状态，迟滞比较器中的集成运放工作在线性状态。（　　）

（10）同正弦波信号产生电路一样，非正弦波信号产生电路也需要选频网络，才能产生一定频率的信号。（　　）

3. 选择题

（1）如图 4-44 所示的文氏电桥和放大器组成一个正弦波振荡电路，应按下述的（　　）方法来连接。

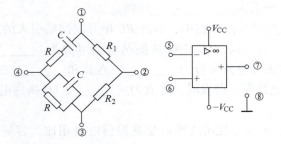

图 4-44　选择题(1)图

A. ①—⑦，②—⑧，③—⑤，④—⑥　　　B. ①—⑤，②—⑧，③—⑦，④—⑥

C. ①—⑦，②—⑥，③—⑧，④—⑤　　　D. ①—⑦，③—⑧，④—⑥，②—⑤

（2）某迟滞比较器的回差电压为 6V，其中一个门限电压为 -3V，则另一门限电压为（　　）。

A. 3V　　　　B. -9V　　　　C. 3V 或 -9V　　　　D. 9V

（3）图 4-45 所示电路中，（　　）。

A. 将二次绕组的同名端标在上端，可能振荡

B. 将二次绕组的同名端标在下端，就能振荡

C. 将二次绕组的同名端标在上端，可满足振荡的振幅相位条件

D. 将二次绕组的同名端标在下端，可满足振荡的相位条件

(4) 图 4-46 所示电路(　　)。

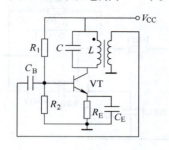

图 4-45　选择题(3)图

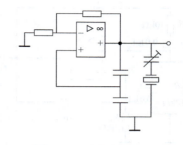

图 4-46　选择题(4)图

A. 为串联型晶体正弦波振荡电路，晶体用作电感
B. 为并联型晶体正弦波振荡电路，晶体用作电感
C. 为并联型晶体正弦波振荡电路，晶体用作电容
D. 为串联型晶体正弦波振荡电路，晶体用作电容

(5) 石英晶体谐振于 f_s 时，相当于 LC 回路呈现(　　)。
A. 串联谐振　　　B. 并联谐振　　　C. 最大阻抗

(6) 在 LC 正弦波振荡电路中，希望振荡频率几百千赫以上，并不要求频率可调，但要求频率稳定度高，应选用(　　)振荡电路。
A. 变压器耦合　　B. 电感三点式　　C. 电容三点式　　D. 石英晶体

(7) 由迟滞比较器构成的方波产生电路，电路中(　　)。
A. 需要正反馈和选频网络　　　　B. 需要正反馈和 RC 积分电路
C. 不需要正反馈和选频网络　　　D. 不需要正反馈和 RC 积分电路

(8) 与迟滞比较器相比，单门限比较器抗干扰能力(　　)。
A. 较强　　　　B. 较弱　　　　C. 两者相近　　　　D. 无法比较

(9) 自激振荡是电路在(　　)的情况下，产生了有规则的、持续存在的输出波形的现象。
A. 外加输入激励　B. 没有输入信号　C. 没有反馈信号　D. 没有电源电压

(10) 振荡电路的振荡频率，通常是由(　　)决定的。
A. 放大倍数　　　B. 反馈系数　　　C. 稳幅电路参数　　D. 选频网络参数

4．分析计算题

(1) 图 4-47 所示电路欲构成 RC 桥式振荡电路，但有两处错误使它不能产生正弦波，请在图中改正，并计算振荡频率。

(2) 试分析图 4-48 所示电路。
1) 判断能否产生正弦波振荡；
2) 若能振荡，计算振荡频率，指出图中热敏电阻温度系数的正负；
3) 电路中存在哪几种反馈，分别计算稳定输出时各反馈电路的反馈系数。

(3) LC 正弦波振荡电路如图 4-49 所示，试标出二次绕组的同名端，使之满足振荡的相位条件，并求振荡频率。

(4) 图 4-50 为超外差收音机的本机振荡电路。

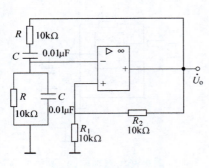

图 4-47　计算题(1)图

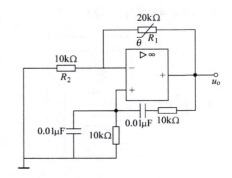

图 4-48　计算题(2)图

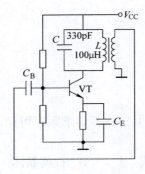

图 4-49　计算题(3)图

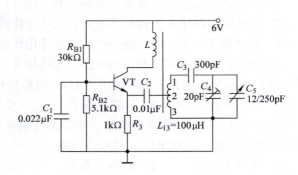

图 4-50　计算题(4)图

1) 在图中标出振荡线圈一次、二次绕组的同名端。

2) 当 $C_4=20\mathrm{pF}$ 时，在可变电容 C_5 的变化范围内，振荡频率的可调范围为多大?

(5) 试判断图 4-51 所示各电路是否可能产生振荡，若能，请指出构成何种类型的正弦波振荡电路；若不能，请指出其中错误并加以修改，并指出修改后的电路构成何种类型正弦波振荡电路。

(6) 指出图 4-52 中构成何种类型的正弦波振荡电路，并计算振荡频率。

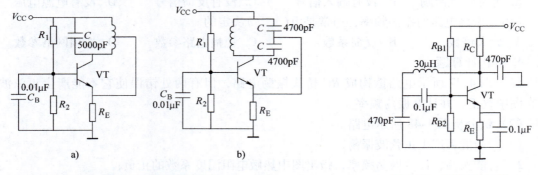

图 4-51　计算题(5)图　　　　　　　　图 4-52　计算题(6)图

(7) 图 4-53 所示为电感三点式 LC 正弦波振荡电路交流通路，为满足相位平衡条件，试在集成运放的输入端括号内标明极性。

(8) 图 4-54 所示为石英晶体正弦波振荡电路，分别指出它们各为串联型还是并联型。

（9）晶体振荡电路如图 4-55 所示，试画出交流通路，说明它属于哪种类型的晶体振荡电路，并指出晶体在电路中的作用，求振荡信号的频率。

（10）如图 4-56 所示，设运放的开环差模增益为 72dB，其最大输出电压 $U'_{oM} = \pm 10V$，稳压管的稳定电压 $U_{VS} = \pm 8V$，试求达到 U_{oM} 值所需的 u_S 值，并画出含线性放大区的传输特性。

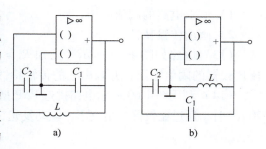

图 4-53　计算题(7)图

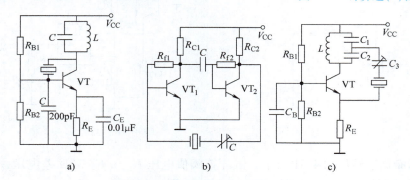

图 4-54　计算题(8)图

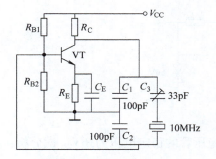

图 4-55　计算题(9)图

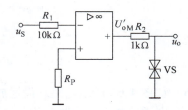

图 4-56　计算题(10)图

（11）电路如图 4-57 所示，设运放是理想的，稳压管的稳定电压为 $\pm 6V$，参考电压 $U_{REF} = 3V$。试画出电路的电压传输特性曲线；当输入信号 $u_i = 6\sin\omega t$ V 时，画出输入、输出信号的波形。

（12）比较器电路如图 4-58 所示，设集成运放输出 $U_{oM} = \pm 10V$，$U_{REF} = -1.5V$。

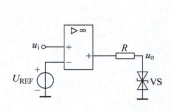

图 4-57　计算题(11)图

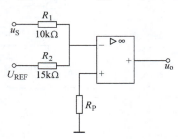

图 4-58　计算题(12)图

1）试求电路的阈值电压；
2）画出传输特性。

(13) 电路如图 4-59 所示，已知 $R_1 = 10\text{k}\Omega$，$R_2 = 30\text{k}\Omega$，$R_3 = 2\text{k}\Omega$，$U_{VS} = 6\text{V}$。试求电压比较器的阈值电压，并画出它的传输特性。

(14) 利用图 4-60 所示电路挑选 PNP 型晶体管，要求被测晶体管的穿透电流 I_{CEO} 在不大于 20μA 时，通过比较器输出电压，驱动发光二极管，表示质量合格。试问电阻 R 应选多大？

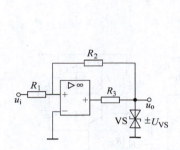

图 4-59　计算题(13)图

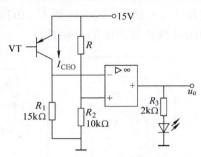

图 4-60　计算题(14)图

(15) 迟滞比较器如图 4-61 所示，试计算阈值电压 U_{T+}、U_{T-} 和回差电压，并画出传输特性；当输入电压 $u_i = 6\sin\omega t$ V 时，试画出输出电压 u_o 的波形。

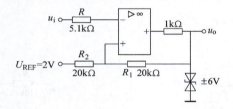

图 4-61　计算题(15)图

(16) 如图 4-62 所示电路。设运放是理想的，稳压管的稳定电压为 ±6V。试分析：
1）分别说出各运放电路名称；
2）求第一级放大电路输出信号 u_{o1} 的频率；
3）设 u_{o1} 的幅值为 2V，对应画出 u_{o1} 和 u_{o2} 的波形。

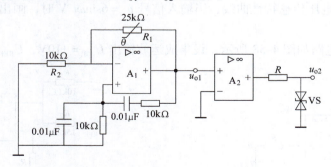

图 4-62　计算题(16)图

项目 5
红外音频信号转发器的制作与调试

5.1 项目导入

图 5-1 所示为红外音频信号转发器，通过红外线的传输，实现电视机、收录机和 MP3 等音频信号的近距离无线传输。红外音频信号转发器由发射电路和接收放音电路组成，发射电路与电视机、收录机、MP3 等输出音频信号的电器相连接，将音频信号转换为红外信号向外发送；接收放音电路接收发射电路发出的红外音频信号，将其放大并用来驱动扬声器发声。接收放音电路离发射电路 3~5m 时仍能有效传送信号。

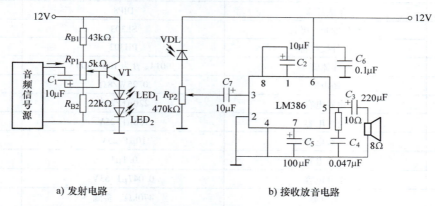

图 5-1 红外音频信号转发器

通过本项目的制作与调试，达到以下教学目标：

1. 知识目标
1）理解红外音频信号转发器的基本组成及主要性能指标。
2）熟悉功率放大电路的特点、交越失真形成原因及其消除方法。
3）熟悉功率放大电路性能参数的计算。
4）熟悉 OCL 与 OTL 功率放大电路的区别。
5）熟悉 LM386 等集成功放电路原理、符号及其应用。

2. 能力目标
1）能够查阅 LM386、D2006 等集成功放的相关资料。
2）能够正确识别并选取 LM386 等集成功放。
3）掌握功率放大电路的安装与调试方法。

3. 素质目标
1）培养学生精益求精、专心细致的工作作风。

2）培养学生排除不良情绪的能力。
3）培养学生吃苦耐劳、刻苦钻研的精神。
4）培养学生"求真"与"求美"相统一的意识。

5.2　项目实施条件

场地：学做合一教室或电子技能实训室。
仪器：双踪示波器、直流稳压电源（两台）、数字式万用表、毫伏表、MP3或收录机或收音机。
工具：电烙铁、镊子、螺钉旋具、尖嘴钳、剪刀及其他装配工具。
元器件及材料：实训模块电路或按表5-1配置元器件。

表5-1　元器件清单

序号	名称	型号及规格	数量
1	集成电路	LM386	1
2	集成插座	DIP8	1
3	红外发光二极管	SE303	2
4	红外接收管	PH302	1
5	晶体管	9014、β为100~300	1
6	扬声器	0.25W/8Ω	1
7	电解电容	220μF/25V	1
8	电解电容	100μF/25V	1
9	电解电容	10μF/25V	3
10	瓷片电容	0.1μF	1
11	纸介电容	0.047μF/63V	1
12	电位器	470kΩ、多圈	1
13	电位器	5kΩ、多圈	1
14	电阻	43kΩ	1
15	电阻	22kΩ	1
16	电阻	10Ω	1
17	焊锡	ϕ1.0mm	若干
18	导线	单股ϕ0.5mm	若干
19	通用电路板	100mm×50mm	1

5.3　相关知识与技能

5.3.1　功率放大电路的特点和分类

1. 电路特点

功率放大电路作为放大电路的输出级，其任务是输出足够大的功率去驱动负载，如扬声器、伺服电动机等，电路具有如下特点：

1) 输出电压和输出电流具有较大的幅度。
2) 晶体管工作在接近饱和及截止状态，因而输出信号存在一定的非线性失真。
3) 管耗较大，要求加散热器，以提高晶体管的管耗能力。

2. 分类

根据功率放大电路中晶体管静态工作点的不同，可以分为甲类、乙类、甲乙类 3 种，其静态工作点和集电极电流波形如图 5-2 所示。

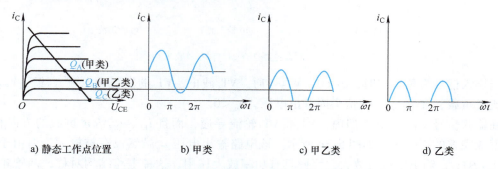

图 5-2　功率放大电路静态工作点和集电极电流波形

甲类功率放大电路静态工作点设置在放大区，在输入信号的整个周期内晶体管都处于导通状态，输出信号失真很小，但静态工作电流大，因此管耗大、效率低，最高效率不超过 50%。前述项目中所讨论的电压放大电路都工作在甲类状态。

乙类功率放大电路静态工作点设置在截止区，静态工作电流为零，因此管耗小、效率高。但晶体管只在输入信号的半个周期内导通，输出信号失真大。

甲乙类功率放大电路静态工作点设置在放大区但接近截止区，静态工作电流小、管耗小、效率较高。静态时晶体管处于微导通状态，可以有效克服乙类功率放大电路的失真问题。

目前较多采用甲乙类互补对称功率放大电路，这类电路目前已发展成集成功率放大器，被广泛应用。

5.3.2　乙类互补对称功率放大电路

1. 电路组成及工作原理

乙类双电源互补对称功率放大电路原理图如图 5-3a 所示，又称<u>无输出电容的功放电路</u>，简称 <u>OCL 电路</u>。图中，VT_1 为 NPN 型管，VT_2 为 PNP 型管，要求两管特性对称一致，且均接成射极输出（共集电极）电路以增强带负载能力。

乙类互补对称功率放大电路

（1）静态分析　当输入信号 $u_i = 0$ 时，两个晶体管都工作在截止区，此时 I_{BQ}、I_{CQ} 都为零，负载上无电流通过，输出电压 $u_o = 0$。

（2）动态分析　若输入信号为正弦波，如图 5-3b 所示。

当输入信号为正半周时，$u_i > 0$，VT_1 导通、VT_2 截止，VT_1 的发射极电流 i_{E1} 经 V_{CC} 自上而下流过负载，在 R_L 上形成正半周输出电压，$u_o > 0$。

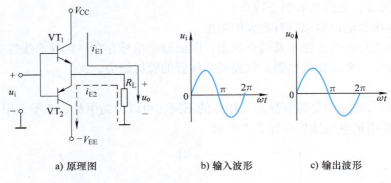

a) 原理图　　　　b) 输入波形　　　　c) 输出波形

图 5-3　乙类双电源互补对称功率放大电路

当输入信号为负半周时，$u_i < 0$，VT_2 导通、VT_1 截止，VT_2 的发射极电流 i_{E2} 经 $-V_{EE}$ 自下而上流过负载，在 R_L 上形成负半周输出电压，$u_o < 0$。

在输入信号 u_i 的一个周期内，VT_1、VT_2 轮流导通，而且 i_{E1}、i_{E2} 流过负载的方向相反，从而形成完整的正弦波，如图 5-3c 所示。该电路输出电压 u_o 虽然没有被放大，但由于 $i_o = i_E = (1+\beta)i_B$，输出电流被放大，因此具有功率放大作用。这种电路结构对称，两管轮流导通工作，故称之为<u>互补对称电路</u>。

因为晶体管接成射极跟随器形式，所以 $u_o \approx u_i$，即输出电压随着输入电压的变化而变化，其最大输出电压为

$$U_{om(max)} = V_{CC} - U_{CE(sat)} \approx V_{CC} \tag{5-1}$$

2. 功率参数的计算

（1）输出功率　输出功率是负载 R_L 上的电流 I_o 和电压 U_o 有效值的乘积，即

$$P_o = I_o U_o = \frac{1}{2} U_{om} I_{om} = \frac{1}{2} \frac{U_{om}^2}{R_L} = \frac{1}{2} I_{om}^2 R_L \tag{5-2}$$

功率放大电路的输出功率与效率仿真测试

当输入信号足够大，晶体管处于极限运用时，最大输出功率为

$$P_{om} = \frac{[V_{CC} - U_{CE(sat)}]^2}{2R_L} \approx \frac{1}{2} \frac{V_{CC}^2}{R_L} \tag{5-3}$$

（2）电源功率　由于一个周期内两个晶体管轮流导通，每个晶体管流过的电流是直流电源提供的半波电流，所以直流电源提供的功率是每个直流电源电压与半波正弦电流平均值的乘积，而半波电流的平均值为 $\frac{I_{om}}{\pi} = \frac{U_{om}}{\pi R_L}$。因此，输入信号在一个周期内，两个直流电源提供的总平均功率为

$$P_V = 2V_{CC} \frac{I_{om}}{\pi} = 2V_{CC} \frac{U_{om}}{\pi R_L} \tag{5-4}$$

输出最大功率时，直流电源也提供最大功率，即

$$P_{V(max)} \approx \frac{2V_{CC}^2}{\pi R_L} \tag{5-5}$$

（3）效率　输出功率与直流电源提供的功率之比为功率放大器的<u>效率</u>，即

$$\eta = \frac{P_o}{P_V} = \frac{\pi}{4} \frac{U_{om}}{V_{CC}} \tag{5-6}$$

理想情况下输出最大功率时，效率也最高，即

$$\eta_{max} \approx \frac{\pi}{4} = 78.5\% \tag{5-7}$$

实际应用电路由于饱和压降 $U_{CE(sat)}$ 和静态电流 I_{CQ} 不为零，其效率低于此值，约为 60%。

（4）管耗 两管的总管耗是直流电源供给的功率减去输出功率，即

$$P_T = P_V - P_o = \frac{2U_{om}V_{CC}}{\pi R_L} - \frac{U_{om}^2}{2R_L} \tag{5-8}$$

对式(5-8)求导，并令其为零，可求得 $U_{om} = \frac{2V_{CC}}{\pi} \approx 0.6V_{CC}$ 时，管耗最大，每只晶体管的最大管耗为

$$P_{T1max} = P_{T2max} = \frac{U_{om}V_{CC}}{\pi R_L} - \frac{U_{om}^2}{4R_L} = \frac{V_{CC}^2}{\pi^2 R_L}$$

不计晶体管饱和压降，则

$$P_{T1max} = P_{T2max} \approx 0.2 P_{om} \tag{5-9}$$

（5）功率管的选择 功率管有关参数的选择，应满足以下条件：

1）功率管集电极最大允许管耗

$$P_{CM} \geq \frac{V_{CC}^2}{\pi^2 R_L} \approx 0.2 P_{om} \tag{5-10}$$

2）功率管的最大耐压

$$U_{(BR)CEO} \geq 2V_{CC} \tag{5-11}$$

因为一只晶体管饱和导通时，另一只晶体管承受的最大反压为 $2V_{CC}$。

3）功率管的最大集电极电流

$$I_{CM} \geq \frac{V_{CC}}{R_L} \tag{5-12}$$

【例5-1】 已知：乙类双电源互补对称功率放大电路的电源电压 $V_{CC} = 24V$，$R_L = 8\Omega$，忽略 $U_{CE(sat)}$，求 P_{om} 以及此时的 P_V、P_{T1}，并选择功率管。

【解】 $P_{om} = \frac{V_{CC}^2}{2R_L} = \frac{24^2}{2 \times 8} W = 36W$

$P_V = 2V_{CC}^2/\pi R_L = 2 \times 24^2 W/(\pi \times 8) \approx 45.9W$

$P_{T1} = \frac{1}{2}(P_V - P_o) = 0.5 \times (45.9 - 36)W = 4.9W$

$P_{T1max} = 0.2 \times 36W = 7.2W$

$U_{(BR)CEO} > 48V$

$I_{CM} > 24V/8\Omega = 3A$

可选：$P_{CM} = 10 \sim 15\text{W}$
$U_{(BR)CEO} = 60 \sim 100\text{V}$
$I_{CM} = 5\text{A}$

5.3.3 甲乙类互补对称功率放大电路

甲乙类互补对称功率放大电路

1. 交越失真

在乙类互补对称功率放大电路中，由于静态工作点参数 I_B、I_C、U_{CE} 均为零，没有设置偏置电压。因此在输入信号 u_i 低于晶体管的死区电压时，晶体管实际上处于截止状态，I_{C1}、I_{C2} 基本为零，负载 R_L 上无电流通过，输出电压 u_o 为零，从而使输出电压不能很好地反映输入电压的变化，产生失真。由于这种失真出现在波形正、负交越处，故称为交越失真，如图5-4所示，输入信号越小，交越失真越明显。

2. 甲乙类双电源互补对称功率放大电路

为了减小交越失真，必须在两管的基极之间加上直流偏置电压，甲乙类互补对称功率放大电路如图5-5所示。这时晶体管工作在甲乙类状态，VT_3 组成前置电压放大级，其集电极电流流经 VD_1、VD_2 和 R_P 形成直流压降 U_{B1B2}，作为 VT_1、VT_2 的直流偏置，使 VT_1、VT_2 静态时处于微导通状态，产生的静态工作电流 $I_{B1} = -I_{B2}$，流过负载的电流 $I_{E1} = -I_{E2}$，无电压输出。有正弦信号作用时，输出为一个完整不失真的正弦波信号。甲乙类双电源互补对称功率放大电路分析计算仍可参照乙类双电源互补对称功率放大电路所推导的式(5-1) ~ 式(5-12)。

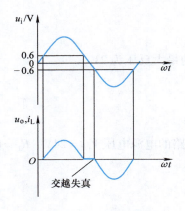

图5-4 交越失真

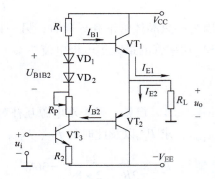

图5-5 甲乙类互补对称功率放大电路

3. 用复合管构成互补对称功率放大电路

由于互补对称功率放大电路的两个大功率管的管型不同，特性很难一致，采用复合管可以解决这个问题，复合管是指由两个或两个以上晶体管按一定的方式连接而成，又称为达林顿管，如图5-6所示，前一只管 VT_1 采用小功率管，后一只管 VT_2 采用相同的管型和型号的大功率管。

组成复合管时应注意：①要按 VT_1、VT_2 相连的电极电流前后流向一致的规律连接；

② 复合管的等效管型取决于第一只晶体管的管型;③ 复合管的电流放大系数 $\beta = \beta_1\beta_2$。图 5-6 中两个复合管分别为 NPN 型管和 PNP 型管。

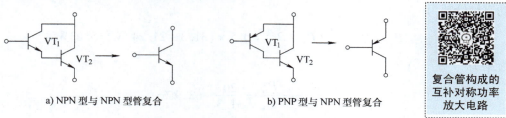

a) NPN 型与 NPN 型管复合   b) PNP 型与 NPN 型管复合

图 5-6 复合管连接方法和等效管型

需要注意的是,复合管使 β 值增大的同时,也使穿透电流 I_{CEO} 增加,如图 5-7 所示,接上泄放电阻 R 可使 I_{CEO1} 分流,从而减小复合管的穿透电流。

【例 5-2】 图 5-8 所示为甲乙类双电源准互补对称功率放大电路,不考虑前置级的影响,已知 VT_4、VT_5 的 $U_{CES} = 3V$,考虑 R_7、R_8,求负载获得的最大功率、输出电压幅值及电流有效值、电源消耗的功率、功率管管耗和效率。

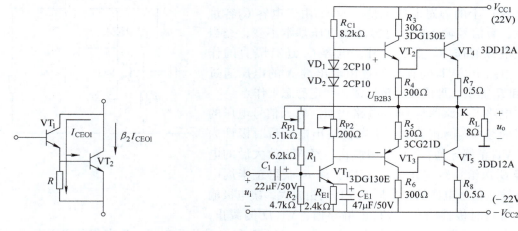

图 5-7 接泄放电阻的复合管   图 5-8 例 5-2 图

【解】 考虑功率管 U_{CES},在 R_L 和 R_7 上总的最大功率为

$$P'_{o(\max)} = \frac{1}{2}\frac{(V_{CC} - U_{CES})^2}{R_L + R_7} = \frac{(22-3)^2}{2 \times 8.5}\text{W} \approx 21.24\text{W}$$

负载 R_L 上获得的最大功率为

$$P'_{om} = P'_{om}\frac{R_L}{R_L + R_7} = 21.24 \times \frac{8}{8.5}\text{W} \approx 20\text{W}$$

负载上电压幅值和电流有效值为

$$U_{om} = (V_{CC} - U_{CES})\frac{R_L}{R_L + R_7} = 19 \times \frac{8}{8.5}\text{V} \approx 17.9\text{V}$$

$$I_o = \frac{U_{om}}{R_L}/\sqrt{2} = \frac{17.9}{8 \times 1.414}\text{A} \approx 1.58\text{A}$$

电源消耗功率为

$$P_V = \frac{2}{\pi} \frac{V_{CC} - U_{CES}}{R_L + R_7} V_{CC} = \frac{2}{\pi} \times \frac{(22-3)}{(8+0.5)} \frac{V}{\Omega} \times 22V \approx 31.3W$$

功率管管耗为

$$P_{T1} = P_{T2} = \frac{1}{2}(P_V - P_o) = 0.5 \times (31.3 - 21.24)W = 5.03W$$

效率为

$$\eta = \frac{P_{om}}{P_V} = \frac{20}{31.3} \approx 63.9\%$$

4. 甲乙类单电源互补对称功率放大电路

图 5-9 所示为单电源甲乙类准互补对称功率放大电路，又称<u>无输出变压器的功率放大电路</u>，简称 <u>OTL 电路</u>，它克服了 OCL 电路需要双电源供电的缺点。

图 5-9 中，VT_3 组成前置电压放大级，R_{C1} 是 VT_3 的集电极负载，VD_1、VD_2 为 VT_1 和 VT_2 组成的互补对称电路提供直流偏置电压，使它们工作在甲乙类状态。如果 VT_1、VT_2 特性一致，静态时，A 点电位为 $V_{CC}/2$，大电容 C_2 上的静态电压也是 $V_{CC}/2$。由于电容 C_2 容量很大，有信号输入时，电容两端电压基本不变，充当了负电源的作用。除此之外，电容 C_2 还有隔直的作用。电路中，VT_3 的直流偏置由输出端 A 的电压通过 R_P 和 R_1 提供，形成直流负反馈，稳定静态工作点。

电路工作原理与 OCL 电路相似。输入信号电压的负半周经 VT_3 倒相放大，集电极输出电压瞬时极性为正，VT_1 正偏导通，VT_2 反偏截止，经 VT_1 放大后的电流经 C_2 送给负载，并对 C_2 充电，使 R_L 获得正半周电压；输入信号电压的正半周经 VT_3 倒相放大，集电极输出电压瞬时极性为负，VT_2 正偏导通，VT_1 反偏截止，

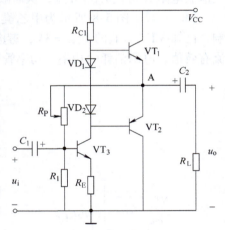

图 5-9 单电源甲乙类准互补对称功率放大电路

C_2 放电，经 VT_2 放大后的电流由 VT_2 集电极经 R_L 和 C_2 流回发射极，R_L 获得负半周电压。

输出电压的最大幅度为 $V_{CC}/2$。与 OCL 电路相比，OTL 电路每个晶体管的实际工作电源电压为 $V_{CC}/2$，因此，在计算 OTL 电路的主要性能指标时，将 OCL 电路计算公式中的参数 V_{CC} 全部改为 $V_{CC}/2$ 即可。

5.3.4 集成功率放大器

集成功率放大器是在集成运算放大器的基础上发展起来的，具有输出功率大、外围连接元器件少、使用方便等优点，因此广泛应用于收音机、收录机、电视机、开关功率电路及伺服放大电路中。现以 LM386 和 D2006 集成音频功率放大器为例，介绍几种典型使用方法。

集成功率放大电路

1. 集成功率放大器 LM386

（1）LM386 简介　LM386 是一种低电压通用型集成音频功率放大器，采用 8 脚双列直插塑料封装，其引脚排列如图 5-10 所示。典型应用参数为：直流电源电压范围为 4～12V；

额定输出功率为660mW；带宽为300kHz（引脚1、8开路）；输入阻抗为50kΩ。

LM386内部电路如图5-11所示，主要由输入级、中间级及输出级3部分组成。

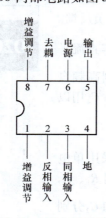

图5-10　LM386引脚排列

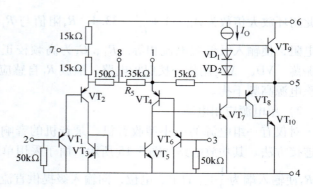

图5-11　LM386内部电路

输入级由VT_1、VT_2和VT_4、VT_6组成共集电极-共发射极差分放大电路。为了提高电路的电压放大倍数和对称性，VT_3和VT_5构成镜像电流源作为差分放大电路的有源负载。为了防止电路自激，VT_2发射极电阻之间引出接线端7，以便外接去耦电容。

中间级又称**驱动级**，由带恒流源负载的VT_7组成共发射极放大电路。它具有较高的增益，将输入级差分放大电路VT_4集电极的输出信号放大，推动互补对称输出级。该级中的VD_1和VD_2为输出级提供固定偏置电压，以克服输出信号的交越失真。

输出级由VT_8、VT_{10}复合管和VT_9组成准互补输出级。VT_9为NPN型管，复合管管型为PNP型，且$\beta \approx \beta_8 \beta_{10}$。

电路中R_5是差分放大电路的发射极负反馈电阻，引脚1、8开路时，负反馈最强，整个电路的电压放大倍数为20倍，若在引脚1、8间外接旁路电容，以短路R_5两端的交流电压降，可使电压放大倍数提高到200。

（2）典型应用　LM386典型应用电路如图5-12所示，输入信号经C_1耦合进入集成功放的同相输入端引脚3，放大后由引脚5输出信号，引脚1、8之间所接阻容串联电路可使放大倍数在20～200之间变化。引脚7所接电容C_5与内部电阻构成直流电源去耦电路，引脚5外接电容C_3为功放输出电容，以便构成OTL电路，R_1、C_4是频率补偿电路，用以抵消扬声器音圈电感在高频时产生的不良影响，改善功率放大电路的高频特性和防止高频自激。

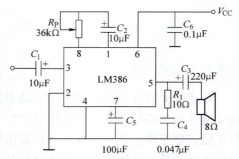

图5-12　LM386典型应用电路

2. 集成功率放大器D2006

（1）D2006简介　D2006外形如图5-13所示，具有同相和反相输入端、正负电源端和输出端共5个引脚。主要参数为：输入阻抗为5MΩ；开环电压增益为75dB（5623倍）；电源电压范围为±6～±15V；输出功率为8W（$R_L = 8Ω$）及12W（$R_L = 4Ω$）。D2006在各种音响电路中应用较广。

（2）典型应用

1）双电源应用电路。采用双电源时，其功放电路如图5-14所示。信号u_i经耦合电容C_1由同相端输入，R_1、R_2、C_2构成交流电压串联负反馈。因此闭环放大倍数为$A_{uf}=1+\dfrac{R_1}{R_2}\approx 33.4$。$R_3$阻值与$R_1$相同，用作直流平衡电阻，使输入级偏置电流相等。$R_4$、$C_5$为高频校正网络，抑制高频自激振荡。$VD_1$、$VD_2$用作外接保护电路，泄放$R_L$自感应电压。$C_3$、$C_4$用以消除电源高频干扰。

2）单电源应用电路。

对仅有一组电源的中小型收音机、录音机的音响电路，可采用单电源连接方法。其功放电路如图5-15所示。由于采用单电源，故用R_1、R_2和R_3使输入端为$\dfrac{1}{2}V_{CC}$的中点电位，向输入级提供直流偏置。C_1和C_2分别用以消除电源的低频和高频干扰。其他元器件的作用与双电源电路中相同。电路的闭环放大倍数为$A_{uf}=1+\dfrac{R_4}{R_5}\approx 32.9$。

图5-13　D2006外形

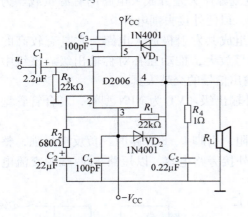

图5-14　D2006双电源功放电路

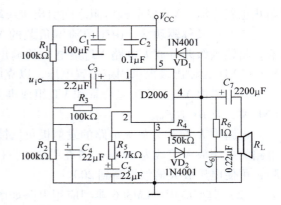

图5-15　D2006单电源功放电路

5.3.5　功率管的散热问题

功率放大器在向负载输出信号功率的同时，晶体管本身也要消耗一部分功率，使晶体管的结温升高，当结温大于允许值（锗管一般为90℃，硅管一般为150℃）时，晶体管就会因过热不能正常工作，甚至损坏，因而输出信号功率受到晶体管允许的最大集电极功耗的限制。值得注意的是，晶体管允许的功耗与其散热情况密切相关。如果采用适当的散热措施，则在相同结温下，可提高晶体管的最大允许管耗。如大功率管3AD50，产品规定结温90℃时，不加散热器，极限功耗为$P_{CM}=1W$，如果采用规定尺寸散热板进行散热，其极限功耗为$P_{CM}=10W$。散热器常用形状有齿轮形、指状形和板条形。所加散热器面积大小可参考大功率管产品手册上规定的尺寸。

5.4 项目制作与调试

红外音频信号
转发器的制作
与调试

5.4.1 项目原理分析

图 5-1 中，发射电路中的晶体管 VT 组成共集电极放大电路，采用分压式偏置方式，R_{B1}、R_{B2} 和 R_{P1} 为偏置电阻，两只发光二极管接在发射极，作为放大电路的负载，使用两只发光二极管串联的方式是为了增加发射功率。来自电视机、收录机等音频信号源的音频信号经电容 C_1 耦合，进入共集电极放大电路，进行功率放大，使得流过发光二极管的电流随音频信号变化，于是发光二极管即向外发射按音频信号变化的红外光。

接收放音电路中的红外接收二极管接收红外信号后，产生与光强度成比例关系的光电流，该电流经电位器 R_{P2} 转换成电压，经电容 C_7 耦合输入集成功放 LM386 进行放大。放大后的信号经 220μF 电容耦合至扬声器，还原为声音。发射电路与接收放音电路之间通过红外光传递信息，于是实现了音频信号的无线传输。电路中红外收、发管必须配对。

5.4.2 元器件检测

1. 红外发光二极管和接收管的检测

通过测量红外发光二极管和接收管的正、反向电阻来检查其单向导电性是否正常。将指针式万用表置于 $R \times 1k$ 档进行测量，通常，正向电阻应在 $(1 \sim 20)\, k\Omega$，反向电阻在 $500 k\Omega$ 以上，也可以用数字式万用表专用档检查发光二极管的单向导电性；接收管的正向电阻为 $3 \sim 4 k\Omega$，而且不受光照的影响，反向电阻在没有光照时一般大于 $300 k\Omega$，强光照射时可小于 10Ω，有时会出现负数，这是因为强光照射时，PN 结会形成约 0.7V 的电压。测试结果记于表 5-2 中。

表 5-2 红外发光二极管和接收管的检测

序号	型号及规格	正向电阻/Ω	反向电阻/Ω	质量判别
1	SE303			
2	PH302		（无光照时）	
			（有光照时）	

2. 晶体管检测

用万用表判别晶体管的管脚和类型，测试放大系数，记于表 5-3 中。

表 5-3 晶体管检测

序号	型号及规格	β	质量判别
1	9014		

3. LM386 检测

用万用表检测引脚 4、6 之间的电阻，检查有无短路的情况，检查每一只引脚对引脚 4

的电阻有无出现短路的情况。出现上述情况之一的，即表明该集成功放电路已损坏。

4. 其他元器件检测

电阻、电容、电位器的检测在前述项目中均已有涉及，此处不再重复，但每一个元器件都要仔细检测，保证质量。

5.4.3 电路安装与调试

1. 电路安装

本电路拟在通用电路板上安装，因本电路分为发射电路和接收放音电路两部分，所以应该将通用电路板按照电路元器件数量多少、大小一分为二，然后按照信号流程合理布局布线，做到排列整齐、造型美观。焊接时注意不要出现错焊、漏焊、虚焊等现象。尤其是红外发光二极管、接收管和9014晶体管应注意避免过热损坏。

2. 电路调试

（1）通电检查　逐个检查元器件焊接安装是否正确，确定正确无误后接上电源，观察是否有冒烟或发出焦味等情况。如有应立即关闭电源，重新检查电路，直至找出错误并加以纠正。发射电路和接收放音电路需分别通电检查。

（2）发射电路调试　静态调试：将万用表置于电流（200mA）档，串入晶体管集电极和正电源之间，调节电位器 R_{P1}，流过晶体管集电极的电流将随之变化。左右转动电位器，直至集电极电流等于30mA，静态调试即告完成。将收音机等音频信号接入发射电路输入端。

动态调试：将收音机（或MP3）的音频信号接入发射电路输入端，用示波器观察晶体管基极和发射极电压波形，无明显失真，调试即告结束。如出现明显失真，应将收音机音量调小；如信号幅度过低，则应将收音机音量调大，观察到信号幅度约为1V，无失真，则调试结束。

（3）接收放音电路调试　打开已调试好的发射电路，再打开接收电路，让红外接收管靠近发射管，用示波器观察电位器 R_{P2} 两端的电压，如观察到音频信号波形，即表示接收电路工作正常。如观察不到波形，应检查电路的电源和元器件接线，转动接收管的方向，直至观察到音频波形。这时即可听到扬声器发出的声音，调试即告结束。

（4）性能测试　输入音频信号，打开发射电路和接收放音电路，让接收放音电路接近发射电路，调节电位器，使扬声器正常发声。然后移动接收电路，逐渐拉大接收放音电路和发射电路之间的距离，直到接收不到音频信号为止。测量能接收到音频信号的最远距离，检查是否大于3m。

5.4.4 实训报告

实训报告格式见附录A。

5.5 项目总结与评价

5.5.1 项目总结

1）功率放大电路在大信号下工作，一般采用图解法进行分析，主要参数计算为允许失真情况下输出功率和效率。

2）乙类互补对称功率放大电路的主要优点是效率高，理想情况下最大效率约为 78.5%；缺点是存在交越失真。甲乙类互补对称功率放大电路可以消除交越失真。

3）为保证功率放大电路中的晶体管安全工作，乙类双电源互补对称功率放大电路中元器件的极限参数必须满足：$P_{CM} \geq P_{T1} \approx 0.2 P_{om}$，$|U_{(BR)CEO}| \geq 2V_{CC}$，$I_{CM} \geq \dfrac{V_{CC}}{R_L}$。

4）单电源互补对称功率放大电路分析计算时，只要用 $V_{CC}/2$ 代替双电源互补对称功率放大电路计算公式中的 V_{CC} 即可。

5）目前分立器件功率放大电路日益被集成功率放大器件所取代，集成功率放大器的特点是体积小、使用方便、外围元器件少、性能好、品种类型多，并已成首选应用。

5.5.2 项目评价

项目评价原则仍然是"过程考核与综合考核相结合，理论考核与实践考核相结合，教师评价与学生评价相结合"，本项目占 6 个项目总分值的 20%，具体评价内容参考表 5-4。

表 5-4 项目 5 评价表

考核项目	考核内容及要求	分值	学生评分50%	教师评分50%	得分
电路制作	1）熟练使用数字式万用表检测元器件 2）电路板上元器件布局合理、焊接规范	30 分			
电路调试	1）熟练使用示波器、毫伏表和万用表 2）正确调整电路静态工作点 3）正确测试各点音频信号波形 4）正确判断电路故障并独立排除故障	30 分			
实训报告编写	1）格式标准，表达准确 2）内容充实、完整，逻辑性强 3）有测试数据记录及结果分析	20 分			
综合职业素养	1）遵守纪律，态度积极 2）遵守操作规程，注意安全 3）富有团队合作精神	10 分			
小组汇报总评	1）电路结构设计、原理说明 2）电路制作与调试总结	10 分			
总分		100 分			

5.6 仿真测试

1. 仿真目的

1）熟悉 OCL、OTL 功率放大电路的结构与工作原理。

2）掌握功率放大电路的调试及主要性能指标的测试方法。

2. 仿真电路（见图 5-16、图 5-17）

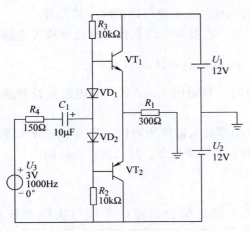

图 5-16　OCL 功率放大电路

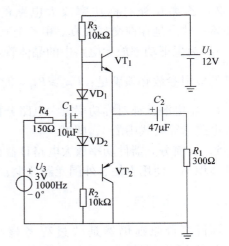

图 5-17　OTL 功率放大电路

3. 测试内容

（1）OCL 功率放大电路仿真测试　按图 5-16 建立仿真电路并运行，观察是否有交越失真，去掉二极管，将输入信号直接接入两个晶体管的基极，观察是否有交越失真；改变输入信号幅值，观察交越失真变化。

在甲乙类工作状态下，增大输入信号幅值，测量最大不失真输出电压；计算最大不失真输出功率。

思考：输入信号幅值增大，交越失真情况如何变化？

测量电源输出电流，计算电源提供功率，从而计算功率放大电路的效率。

OCL功率放大电路仿真测试

（2）OTL 功率放大电路仿真测试　按图 5-17 建立仿真电路并运行，测量最大不失真输出电压幅值与电源输出电流；计算最大不失真输出功率与效率。

思考：输入信号幅值变化时，输出功率与效率是否会变化？

OTL功率放大电路仿真测试

5.7　习题

1. 填空题

（1）功率放大电路输出较大的功率来驱动负载，因此其输出的_____和_____信号的幅度均较大，可达到或接近功率管的_____参数。

（2）在信号的整个周期内晶体管都导通的称为_____放大电路；只有半个周期导通的称为_____类放大电路；大半个周期导通的称为_____类放大电路。

（3）甲类、乙类和甲乙类三种放大电路相比：_____的效率最高，_____的效率最低。

（4）某乙类双电源互补对称功率放大电路中，电源电压为 ±20V，负载为 8Ω，则选择晶体管时,要求 $U_{(BR)CEO}$ 大于_____V,I_{CM} 大于_____A,P_{CM} 大于_____W。

(5) 乙类互补对称功率放大电路的两只晶体管接成_____形式;其最大效率可达_____;但是存在_____失真。

(6) 采用双电源互补对称_____电路,如果要求最大输出功率为5W,则每只晶体管的最大允许功耗 P_{CM} 至少应大于_____W。

(7) 甲乙类单电源互补对称电路又称_____电路,它用在输出端所串接的_____取代双电源中的负电源。

(8) 某甲乙类单电源互补对称功率放大电路中,电源电压为 ±12V,负载为 8Ω,$U_{CE(sat)} \approx 2V$,则最大不失真输出功率为_____W,晶体管的最大管耗为_____W。

(9) 设输入信号为正弦波,工作在甲类的功率输出级的最大管耗发生在输入信号 u_i 为_____时,而工作在乙类的互补对称功率输出级 OCL 电路,其最大管耗发生在输出电压幅值 U_{om} 为_____时。

2. 判断题

(1) 当 OCL 电路最大输出功率为 1W 时,功放管的集电极最大耗散功率应该大于 1W。( )

(2) 功率放大电路所要研究的问题就是一个输出功率大小的问题。( )

(3) 顾名思义,功率放大电路有功率放大作用,电压放大电路只有电压放大作用而没有功率放大作用。( )

(4) 当输入电压为零时,甲乙类功放电路中电源所消耗的功率是两只晶体管的静态电流与电源电压的乘积。( )

(5) 在功率放大电路中,输出功率最大时,功放管的功率损耗也最大。( )

(6) 功率放大电路的主要作用是向负载提供足够大的功率信号。( )

(7) 放大电路采用复合管是为了晶体管特性对称一致。( )

(8) 乙类互补对称功率放大电路中,输入信号越大,交越失真也越大。( )

(9) 具有前置放大级的功率放大电路,在负载 R_L 上获得的输出电压 u_o 比其电压放大级的输出电压大。( )

(10) 当单、双电源互补对称功率放大电路所用电源电压值相等时,若负载相同,则它们的最大输出功率也相同。( )

3. 选择题

(1) 功率放大电路与电压放大电路共同的特点是( )。
A. 都使输出电压大于输入电压
B. 都使输出电流大于输入电流
C. 都使输出功率大于信号源提供的输入功率

(2) 功率放大电路与电压放大电路区别是( )。
A. 前者比后者效率高　　B. 前者比后者电压放大倍数大
C. 前者比后者电源电压高

(3) 与甲类功率放大方式相比,乙类功率放大方式的主要优点是( )。
A. 不用输出变压器　　B. 不用输出端大电容　　C. 效率高　　D. 无交越失真

(4) 双电源互补功放电路中,当( )时,其功率管的管耗达到最大。

A. $U_{om} = V_{CC}$ B. $U_{om} = 0$ C. $U_{om} = \dfrac{2}{\pi} V_{CC}$

（5）由于功放电路中晶体管经常处于接近极限工作状态，故选择晶体管时，要特别注意以下参数（   ）。

A. I_{CBO} B. f_T
C. β D. P_{CM}、I_{CM} 和 $U_{(BR)CEO}$

（6）在 OCL 电路中，若最大输出功率为 1W，则电路中每只功放管的最大管耗约为（   ）。

A. 1W   B. 0.5W   C. 0.4W   D. 0.2W

（7）准互补对称放大电路所采用的复合管，其上、下两对晶体管组合形式为（   ）。

A. NPN—NPN 和 PNP—NPN
B. NPN—NPN 和 NPN—PNP
C. PNP—PNP 和 PNP—NPN

（8）两只 β 相同的晶体管组成复合管后，其电流放大系数约为（   ）。

A. β B. 2β C. β^2 D. 无法确定

（9）图 5-18 所示电路，已知 VT_1、VT_2 的饱和压降 $U_{CE(sat)} = 3V$，$V_{CC} = V_{EE} = 15V$，$R_L = 8\Omega$ 电路中 VD_1、VD_2 的作用是为了消除（   ）。

A. 饱和失真   B. 截止失真   C. 交越失真

4．分析计算题

（1）如图 5-19 所示电路中，已知 $V_{CC} = V_{EE} = 6V$，$R_L = 8\Omega$，VT_1、VT_2 的饱和压降 $U_{CE(sat)} = 1V$，试求：

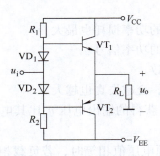

图 5-18　选择题 9 图

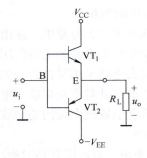

图 5-19　计算题 1 图

1）最大不失真输出时的功率 P_{om}、电源供给的功率、效率、每只晶体管的管耗；
2）选用大功率管时，其极限参数应满足什么要求？

（2）如图 5-20 所示电路，设 u_i 为正弦波，要求最大输出功率 $P_{om} = 9W$，忽略晶体管的饱和压降 $U_{CE(sat)}$，若 $R_L = 8\Omega$，试求：

1）正、负电源 V_{CC} 的最小值；
2）输出功率最大（$P_{om} = 9W$）时，直流电源供给的功率；
3）每管允许的管耗 P_{CM} 的最小值；
4）输出功率最大（$P_{om} = 9W$）时输入电压有效值。

（3）功率放大电路如图 5-21 所示，在输入正弦波信号 u_i 作用下，一周期内 VT_1 和 VT_2 轮流导通约半周，晶体管的饱和压降 $U_{CE(sat)}$ 可忽略不计，电源电压 $V_{CC} = V_{EE} = 24V$，负载 $R_L = 8\Omega$，试求：

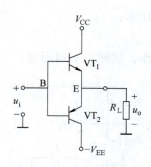

图 5-20　计算题 2 图

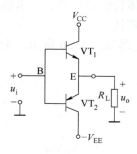

图 5-21　计算题 3 图

1）在输入信号有效值为 10V 时，计算输出功率、总管耗、直流电源供给的功率和效率；

2）计算最大不失真输出功率，并计算此时各管的管耗、直流电源供给的功率和效率。

（4）如图 5-22 所示电路中，已知 $V_{CC} = V_{EE} = 16V$，$R_L = 4\Omega$，VT_1 和 VT_2 的饱和压降 $|U_{CE(sat)}| = 2V$，输入电压足够大。试求：

1）最大不失真输出时输出功率 P_{om}。

2）为了使输出功率达到 P_{om}，输入电压的有效值为多少？

（5）双电源互补对称功率放大（OCL）电路中，输入信号为 1kHz、10V 的正弦信号，输出电压的波形如图 5-23 所示，这说明电路出现了什么失真，应在电路中采取什么措施？

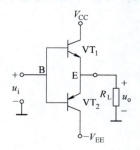

图 5-22　计算题 4 图

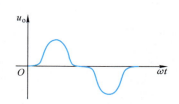

图 5-23　计算题 5 图

（6）OCL 电路如图 5-24 所示，已知负载上最大不失真功率为 800mW，晶体管饱和压降 $U_{CE(sat)} = 0$。

1）试计算电源 V_{CC} 的电压值；

2）核算使用下列功率管是否满足要求：

VT_2：3BX85A，$P_{CM} = 300mW$，$I_{CM} = 300mA$，$U_{(BR)CEO} = 12V$；

VT_3：3AX81A，$P_{CM} = 300mW$，$I_{CM} = 300mA$，$U_{(BR)CEO} = 12V$。

（7）单电源互补对称（OTL）电路如图 5-25 电路所示。已知 $V_{CC} = 12V$，$R_L = 8\Omega$。

1）说明电容 C 的作用；

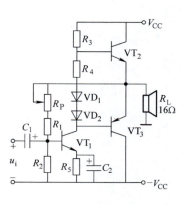

图 5-24　计算题 6 图

2）忽略晶体管饱和压降，试求该电路最大输出功率；

3）求最大管耗。

（8）功放电路如图 5-26 所示，为使电路正常工作，试回答下列问题：

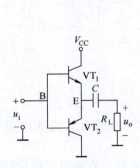

图 5-25　计算题 7 图

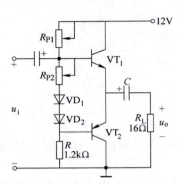

图 5-26　计算题 8 图

1）静态时电容 C 上的电压应为多大？如果偏离此值，应首先调节 R_{P1} 还是 R_{P2}？

2）欲微调静态工作电流，主要应调节 R_{P1} 还是 R_{P2}？

3）设晶体管饱和压降可以略去，求最大不失真输出功率、电源供给功率、各管管耗和效率。

4）设 $R_{P1} = R = 1.2\text{k}\Omega$，晶体管 VT_1、VT_2 参数相同，$U_{BE} = 0.7\text{V}$，$\beta = 50$，$P_{CM} = 200\text{mW}$，当 R_{P2} 或二极管断开时是否安全？为什么？

项目 6

0～30V可调直流稳压电源的制作与调试

6.1 项目导入

图 6-1 所示为由 CW317 组成的输出电压 0～30V 连续可调的直流稳压电源电路。图中，R_3、VS 组成稳压电路，使 A 点电位为 -1.25V，这样当 $R_2=0$ 时（注：R_2 为电位器滑动端与 A 点间的电阻），U_A 电位与 U_{REF} 相抵消，便可使 $U_o=0V$。

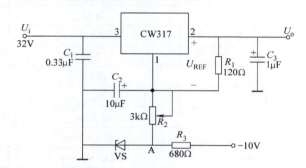

图 6-1　输出电压 0～30V 连续可调的直流稳压电源电路

1. 知识目标

1) 熟悉直流稳压电源系统的基本组成及稳压电路的质量指标。
2) 掌握稳压电路的结构及工作原理。
3) 掌握串联型稳压电路的工作原理及设计方法。
4) 熟悉集成稳压电路的结构及应用，并进行电路制作。
5) 了解开关型稳压电路的设计方法。

2. 能力目标

1) 能够查阅电子元器件资料。
2) 能够检测并正确选用阻容元件、晶体管、稳压管等元器件。
3) 掌握直流稳压电源电路的安装与调试方法。
4) 能够进行直流稳压电源电路的简单故障分析。
5) 能熟练使用示波器、万用表等电子仪器。

3. 素质目标

1) 培养学生勇于担当的责任意识。
2) 培养学生节能降耗的环保意识。
3) 培养学生维护社会公德的精神。
4) 培养学生自主学习的习惯。

6.2 项目实施条件

场地：学做合一教室或电子技能实训室。
仪器：双踪示波器、数字式万用表。
工具：电烙铁、螺钉旋具、剪刀及其他装配工具。
元器件及材料：实训模块电路或按表 6-1 配置元器件。

表 6-1 元器件清单

序号	名称	型号及规格	数量
1	瓷片电容	$0.33\mu F$	1
2	电解电容	$10\mu F$	1
3	电解电容	$1\mu F$	1
4	稳压管	2CW	1
5	三端稳压器	CW317	1
6	电阻	120Ω	1
7	电阻	680Ω	1
8	电位器	$3k\Omega$	1
9	焊锡	$\phi 1.0mm$	若干
10	导线	单股$\phi 0.5mm$	若干
11	通用电路板	$100mm \times 50mm$	1

6.3 相关知识与技能

直流稳压电源系统的组成与质量指标

6.3.1 直流稳压电源的基本知识

1. 直流稳压电源系统的组成

在各种电子设备和装置中，一般都需要直流电源供电，这些直流电源除了少数直接利用电池和直流发电机，大多数是采用把交流电转变为直流电的直流稳压电源。

常用的直流稳压电源系统由电源变压器、整流电路、滤波电路及稳压电路 4 部分组成，如图 6-2 所示。

由图 6-2 可知，电网供给的交流电压经电源变压器降压后，得到符合电路需要的交流电压；然后由整流电路变换成方向不变、大小随时间变化的脉动直流电压；再用滤波电路滤去其交流分量，得到比较平直的直流电压；最后通过稳压电路，得到更加稳定的直流电压。

稳压电路根据调整元器件类型可分为硅稳压管稳压电路、晶体管稳压电路、晶闸管稳压电路及集成稳压电路等。根据调整元器件与负载连接方法，可分为并联型和串联型稳压电路。根据调整元器件工作状态不同，可分为线性和开关型稳压电路。以下主要介绍串联型稳压电路、集成稳压电路和开关型稳压电路。

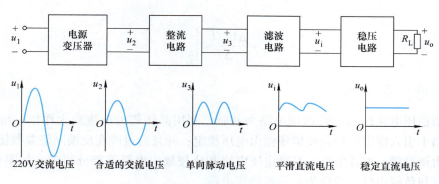

图 6-2 小功率直流稳压电源系统结构图

2. 稳压电路的质量指标

稳压电路的技术指标分两大类：特性指标与质量指标。特性指标用来表示稳压电路规格，包括输入电压、输出功率或输出直流电压、电流范围等；质量指标用来表示稳压性能，包括稳压系数、负载调整特性、输出电阻、纹波抑制比和温度系数等。

（1）稳压系数 S_r 稳压系数又称电压调整特性，是指负载和环境温度不变的条件下，稳压电路输出电压的相对变化量与输入电压的相对变化量之比，即

$$S_r = \frac{\Delta U_o/U_o}{\Delta U_i/U_i}\bigg|_{\substack{\Delta I_o=0 \\ \Delta T=0}} \times 100\% \tag{6-1}$$

稳压系数反映了电网电压波动对稳压电路输出电压稳定性的影响。S_r 越小，稳压性能越好，一个良好的稳压电路，$S_r = 10^{-4} \sim 10^{-2}$。

一般电网电压波动极限为 ±10%，则取 $\Delta U_i/U_i = \pm 10\%$，在这个条件下，输出电压相对变化量 $\Delta U_o/U_o$ 称为电压调整率。

（2）负载调整特性 S_I 指在输入电压和环境温度不变的条件下，输出电压的相对变化量与负载电流变化量之比，即

$$S_I = \frac{\Delta U_o/U_o}{\Delta I_o}\bigg|_{\substack{\Delta U_i=0 \\ \Delta T=0}} \times 100\% \tag{6-2}$$

负载调整特性反映了负载变化对输出电压稳定性的影响。

（3）输出电阻 R_o 指在输入电压和环境温度不变的条件下，输出电压的变化量与负载电流变化量之比，即

$$R_o = \frac{\Delta U_o}{\Delta I_o}\bigg|_{\substack{\Delta U_i=0 \\ \Delta T=0}} \tag{6-3}$$

R_o 越小，负载变化对 U_o 变化影响越小，表示带负载能力越强，一般 $R_o < 1\Omega$。

（4）纹波抑制比 S_R 指稳压电路输入纹波电压峰值 U_{iP} 与输出纹波电压峰值 U_{oP} 之比，并取电压增益表示（单位为 dB），即

$$S_R = 20\lg\frac{U_{iP}}{U_{oP}} \tag{6-4}$$

纹波抑制比反映稳压电路输入电压 U_i 中含有 100Hz 交流分量峰值或纹波电压有效值经稳压后的减小程度。一般输出纹波电压峰值 U_{oP} 为几毫伏至几百毫伏。S_R 越大，表示 U_{oP} 越小。

（5）温度系数 S_T 指输入电压和输出电流不变时，输出电压的相对变化量与温度变化量

之比，即

$$S_T = \frac{\Delta U_o / U_o}{\Delta T}\bigg|_{\substack{\Delta U_i = 0 \\ \Delta I_o = 0}} \qquad (6\text{-}5)$$

6.3.2 串联型稳压电路

串联型稳压电路以稳压管稳压电路为基础，利用晶体管的电流放大作用，增大负载电流；在电路中引入深度电压负反馈使输出电压稳定；并且通过改变反馈网络参数使输出电压可调。它由调整管、取样电路、基准电压电路和比较放大电路等部分组成，如图 6-3 所示。由于调整管与负载串联，故称为串联型稳压电路。

图 6-4 所示为串联型稳压电路原理图。VT 为调整管，它工作在线性放大区，故又称为线性稳压电路。R_3 和稳压管 VS 组成基准电压源，为集成运放同相输入端提供基准电压，R_1、R_2 和 R_P 组成取样电路，它将稳压电路的输出电压分压后送到集成运放的反相输入端，集成运放构成比较放大电路，用来对取样电压与基准电压的差值进行放大。当输入电压 U_i 增大（或负载电流 I_o 减小）引起输出电压 U_o 增加时，取样电压 U_F 随之增大，U_{VS} 与 U_F 的差值减小，经运放放大后使调整管的基极电压 U_B 减小，集电极电流 I_C 减小，管压降 U_{CE} 增大，输出电压 U_o 减小，从而使得稳压电路的输出电压上升趋势受到抑制，稳定了输出电压。同理，当输入电压 U_i 减小或负载电流 I_o 增大引起 U_o 减小时，电路将产生与上述相反的稳压过程，也将维持输出电压基本不变。

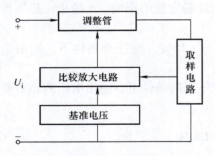

图 6-3　串联型稳压电路组成框图

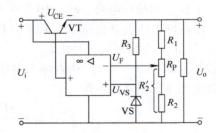

图 6-4　串联型稳压电路原理图

由图 6-4 可得

$$U_F = \frac{R_2'}{R_1 + R_2 + R_P} U_o \qquad (6\text{-}6)$$

式中，R_2' 为电阻 R_2 与电位器 R_P 下半部电阻之和。由于 $U_F \approx U_{VS}$，所以稳压电路输出电压 U_o 为

$$U_o = \frac{R_1 + R_2 + R_P}{R_2'} U_{VS} \qquad (6\text{-}7)$$

式中，R_P 为电位器的总电阻。

因此通过调节电位器 R_P 的滑动端，即可调节输出电压 U_o 的大小。

6.3.3 集成稳压电路

1. 集成稳压电路介绍

集成电路技术的迅速发展，使得集成电路的使用越来越广泛。集成稳压电路也具有集成电路的共同特点：体积小、外围元器件少、性能稳定可靠、使用方便和价格低廉。

集成稳压电路又称**集成稳压器**，类型很多，通常按以下几种方式来分类。

按工作方式分，有线性串联型与开关串联型稳压电路。线性串联型稳压电路指调整元器件与负载相串联，且工作于线性状态下；开关串联型稳压电路也是串联关系，但调整元器件工作于开关状态。

按输出电压分类，有固定式与可调式稳压电路。固定式稳压电路的输出电压为固定值，使用时不能调整；可调式稳压电路可通过外接元器件对输出电压进行调整，以适应不同的需要。

按结构分类，有三端式与多端式稳压电路。三端式稳压电路只有3个引出端：输入端、输出端和公共端，使用十分方便和可靠，因此最为常用；多端式稳压电路有多个引出端，其输出电压可由用户任意设定且可调整，灵活性好，但使用不太方便。

2. 固定式三端稳压器

（1）外形及使用要求　固定式三端稳压器有正输出与负输出两类。正输出的产品有CW7800系列，负输出的产品有CW7900系列。输出电压由具体型号中的后两个数字表示，有5V、6V、9V、12V、15V、18V、24V等。其额定输出电流以78或79后面所加字母来区分。L表示0.1A，M表示0.5A，无字母表示1.5A。如CW7809L表示输出电压为9V，额定输出电流为0.1A。

图6-5为固定式三端集成稳压器。

CW7800集成稳压器内部电路组成框图如图6-6所示。

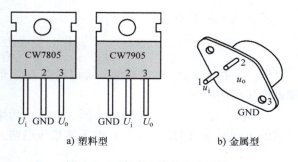

图6-5　固定式三端集成稳压器

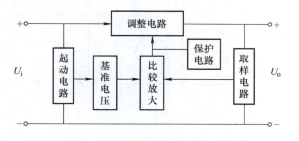

图6-6　CW7800集成稳压器内部电路组成框图

三端稳压器应用电路

（2）应用电路

1）基本应用电路。CW7800基本应用电路如图6-7所示，输出电压大小由集成稳压器决定，电路中使用的是CW7812稳压器，其输出电压为12V，最大输出电流为1.5A。为了使电路能够正常工作，要求输入电压U_i比输出电压U_o至少大2.5~3V。为了防止自激振荡和抑制电源的高频脉冲干扰，输入端接电容C_1用以抵消输入端较长接线的电感效应，电容值一般为0.1~1μF。输出电容C_2、C_3用以改善负载的瞬态响应，消除电路的高频噪声，同时也具有消振作用。

2) 提高输出电压的电路。如图 6-8 所示，I_Q 为稳压器的静态工作电流，一般为 5mA，最大可达 8mA；要求 $I_1 = \dfrac{U_{\times\times}}{R_1} \geqslant 5I_Q$，$U_{\times\times}$ 为稳压器的标称输出电压。图中，稳压器的输出电压 U_o 为

$$U_o = U_{\times\times} + (I_1 + I_Q)R_2 = U_{\times\times} + \left(\dfrac{U_{\times\times}}{R_1} + I_Q\right)R_2 = \left(1 + \dfrac{R_2}{R_1}\right)U_{\times\times} + I_Q R_2 \quad (6\text{-}8)$$

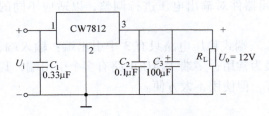

图 6-7 CW7800 基本应用电路   图 6-8 提高输出电压的电路

若忽略 I_Q 的影响，则

$$U_o \approx \left(1 + \dfrac{R_2}{R_1}\right)U_{\times\times} \quad (6\text{-}9)$$

可见，提高 R_2 与 R_1 的比值，可以提高 U_o，但缺点是当输入电压变化时，I_Q 也变化，将降低稳压器的精度。

3) 输出正、负电压的电路。图 6-9 所示为采用 CW7815 和 CW7915 三端稳压器各一块组成的可同时输出 15V、-15V 电压的稳压电路。

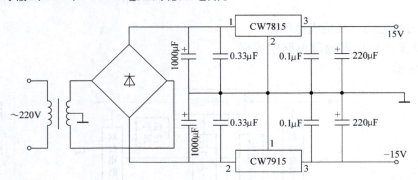

图 6-9 同时输出 15V、-15V 电压的稳压电路

4) 恒流源电路。如图 6-10 所示，集成稳压器输出端串入阻值合适的电阻，就可以构成输出恒定电流的电源。图中，R_L 为输出负载电阻，电源输入电压 $U_i = 10V$，CW7805 为金属封装，输出电压 $U_{32} = 5V$，因此，由图 6-10 可求得向 R_L 输出的电流 I_o 为

$$I_o = \dfrac{U_{32}}{R} + I_Q \quad (6\text{-}10)$$

式中，I_Q 为稳压器的静态工作电流，由于它受 U_i 及温度变化的影响，所以只有当 $U_{32}/R \gg I_Q$ 时，输出电流 I_o 才比较稳定。由图 6-10 可知，$U_{32}/R = 5V/10\Omega = 0.5A$，显然比 I_Q 大得多，故 $I_o \approx 0.5A$，受 I_Q 的影响很小。

3. 可调式三端稳压器

（1）外形及性能　可调式三端稳压器是在固定式三端稳压器的基础上发展起来的，集成片的输入电流几乎全部流到输出端，流到公共端的电流非常小，因此可以用少量的外部元器件方便地组成精密可调的稳压电路，应用更为灵活。典型产品有正电源系列 CW117/CW217/CW317 等，以及负电

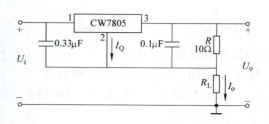

图 6-10　恒流源电路

源系列 CW137/CW237/CW337 等。同一系列的内部电路和工作原理基本相同，只是工作温度不同。如 CW117/CW217/CW317 的工作温度分别为 $-55 \sim 150^\circ C$、$-25 \sim 150^\circ C$、$0 \sim 125^\circ C$。根据输出电流的大小，每个系列又分为 L 型系列（$I_o \leq 0.1A$）和 M 型系列（$I_o \leq 0.5A$）。如果不标 M 或 L，则表示该器件输出电流最大值为 1.5A。其主要性能如下：

输出电压可调范围：$1.25 \sim 37V$；

最大输出电流：1.5A；

电压调整率 $\left. \dfrac{\Delta U_o / U_o}{\Delta U_i} \right|_{\Delta I_o = 0}$: $0.01\% / V$；

负载调整率 $\left. \dfrac{\Delta U_o / U_o}{\Delta I_o} \right|_{\Delta U_i = 0}$: $0.1\% / A$；

输出与输入电压差允许范围：$3 \sim 40V$。

可调式三端稳压器引脚排列及内部电路组成框图如图 6-11 所示。图中，ADJ 称为**调整端**，输出端与调整端之间电压为 $U_{REF} = 1.25V$。从调整端流出的电流为 $I_{REF} = 50\mu A$。

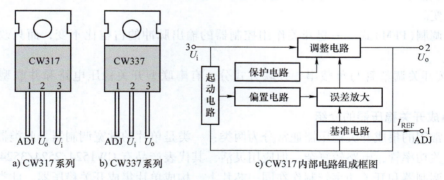

a) CW317 系列　　b) CW337 系列　　c) CW317 内部电路组成框图

图 6-11　可调式三端稳压器引脚排列及内部电路组成框图

（2）应用电路　图 6-12 所示为可调式三端稳压器基本应用电路，VD_1 用于防止输入短路时 C_4 上存储的电荷产生大电流反向流入稳压器使之损坏，VD_2 用于防止输出短路时 C_2 通过调整端放电损坏稳压器。为保证稳压器空载时也能正常工作，要求流过电阻 R_1 的电流不能太小，一般取 $I_{R1} = 5 \sim 10mA$，因此，$R_1 = \dfrac{U_{REF}}{I_{R1}} \approx 120 \sim 240\Omega$，$R_1$、$R_P$ 构成取样电路，调节 R_P 可调节取样比，即调节输出电压 U_o。

$$U_o = \frac{U_{REF}}{R_1}(R_1 + R_P) + I_{REF}R_P$$

式中，R_P为电位器的总电阻。

因为I_{REF}很小，若忽略不计，所以有

$$U_o \approx 1.25(1 + R_P/R_1) \quad (6\text{-}11)$$

6.3.4 开关型稳压电路

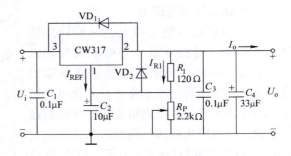

图6-12 可调式三端稳压器基本应用电路

集成稳压电路有很多优点，但调整管必须工作在线性放大区，管压降比较大，同时要通过全部负载电流，所以管耗大，电路效率低，一般为40%～60%。特别在输入电压升高、负载电流很大时，管耗会更大，不但电路效率很低，同时使调整管的工作可靠性降低。开关型稳压电路的调整管工作在开关状态，依靠调节调整管导通时间来实现稳压。由于调整管主要工作在截止和饱和两种状态，管耗很小，故使稳压电路的效率明显提高，可达80%～90%，而且这一效率几乎不受输入电压大小的影响，即开关型稳压电路有很宽的稳压范围。由于效率高，使得电路体积小、重量轻。开关型稳压电路的主要缺点是输出电压中含有较大的纹波。但由于开关型稳压电路优点显著，故发展非常迅速，使用也越来越广泛。

开关型稳压电路的类型很多，主要有以下分类。

1) 按起开关控制作用的振荡电路组成形式分，有自激开关式和他激开关式。

自激开关式——调整管又兼做开关作用的振荡电路器件。

他激开关式——由独立器件组成振荡电路，其输出脉冲以开关方式去控制调整管。

2) 按起稳压控制作用的脉冲占空比形式分，有脉宽调制式和频率调制式。

脉宽调制（PWM）式——由输出直流电压误差来改变控制调整管开关脉冲占空比，而脉冲频率不变。

频率调制（PFM）式——起开关作用控制器的输出脉冲的占空比不变，而只改变其脉冲频率。

3) 按开关调整管与负载串、并联方式分，有串联型开关稳压电路和并联型开关稳压电路。

1. 集成开关稳压器的介绍

目前常用的集成开关稳压器通常分为两类：一类是单片的脉宽调制器，此类器件使用时需外接开关功率管，电路较复杂，但应用灵活，其代表产品有CW1524/2524/3524等；另一类是脉宽调制器和开关功率管制作在同一芯片上，构成单片集成开关稳压器，此类器件集成度更高，使用方便，其代表产品有CW4960/4962等。

（1）CW1524/2524/3524 CW1524系列是采用双极型工艺制作的模拟、数字混合集成电路，内部电路包括基准电压源、误差放大器、振荡器、脉宽调制器、触发器、两只输出功率晶体管及过电流/过热保护电路等。CW1524/2524/3524的区别在于工作结温不同（CW1524工作结温为-55～150℃，CW2524/3524工作结温为0～125℃），其最大输入电压为40V，最高工作频率为100kHz，内部基准电压为5V，能承受的负载电流为50mA。每路输出电流为100mA。CW1524系列采用直插式16脚封装，其引脚排列如图6-13所示。

CW1524 各引脚功能如下：

引脚 1、2 分别为误差放大器的反相和同相输入端，即引脚 1 接取样电压，引脚 2 接基准电压。

引脚 3 为振荡器输出端，可输出方波电压，引脚 6、7 分别为振荡器外接定时电阻 RT 端（接定时电阻 R_T）和定时电容 CT 端（接定时电容 C_T）。振荡频率 $f_0 = 1.15/R_T C_T$，一般取 $R_T = 1.8 \sim 100\mathrm{k}\Omega$，$C_T = 0.01 \sim 0.1 \mu\mathrm{F}$。

引脚 4、5 为外接限流取样端，引脚 8 是地端，引脚 9 是补偿端，引脚 10 为关闭控制端，控制引脚 10 电位可以控制脉宽调制器的输出，直至使输出电压为零。

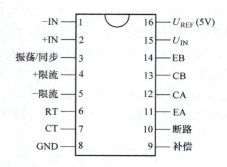

图 6-13　CW1524 系列引脚排列

引脚 11、12 分别为输出管 A 的发射极和集电极，引脚 13、14 分别为输出管 B 的集电极和发射极。输出管 A 和 B 内均设限流保护电路，峰值电流限制在 100mA 左右。

引脚 15 是输入电压端。引脚 16 是基准电压端，可提供电流为 50mA、电压为 5V 的稳定基准电压源，该电源具有短路电流保护。

（2）CW4960/4962　CW4960/4962 已将开关功率管集成在芯片内部，所以构成电路时，只需少量外围元器件。最大输入电压为 50V，输出电压范围为 5.1～40V 连续可调，变换效率为 90%，脉冲占空比也可以在 0～100% 内调整。该器件具有慢起动、过电流、过热保护功能。工作频率达 100kHz。CW4960 额定输出电流为 2.5A，过电流保护电流为 3～4.5A，采用很小的散热片，它采用单列 7 脚封装形式。CW4962 额定输出电流为 1.5A，过电流保护电流为 2.5～3.5A，不用散热片，它采用双列直插式 16 脚封装。CW4960/4962 引脚图如图 6-14 所示。

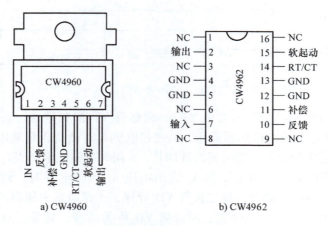

图 6-14　CW4960/4962 引脚图

CW4960/4962 内部电路完全相同，主要由基准电压源、误差放大器、脉冲宽度调制器、功率开关管以及软起动电路、输出过流限制电路、芯片过热保护电路等组成。

2. 开关稳压电路工作原理

（1）串联型开关稳压电路　图 6-15 所示为串联型开关稳压电路组成框图。图 6-15 中，VT_1 为开关调整管，它与负载 R_L 串联；VD 为续流二极管，L、C 构成滤波器；R_1 和 R_2 组成取样电路、A_1 为误差放大器、A_2 为电压比较器，它们与基准电压源、三角波发生器组成开关调整管的控制电路。误差放大器对来自输出端的取样电压 u_F 与基准电压 U_{REF} 的差值进行放大，其输出电压 u_{A1} 送到电压比较器 A_2 的同相输入端。三角波发生器产生一频率固定的三角波电压 u_T，它决定了电路的开关频率。u_T 送至电压比较器 A_2 的反相输入端与 u_{A1} 进行比较，当 $u_{A1} > u_T$ 时，电压比较器 A_2 输出电压 u_{A2} 为高电平；当 $u_{A1} < u_T$ 时，电压比较器 A_2 输出电压 u_{A2} 为低电平，u_{A2} 控制开关调整管 VT_1 的导通和截止。u_{A1}、u_T、u_{A2} 波形如图 6-16a、b 所示。

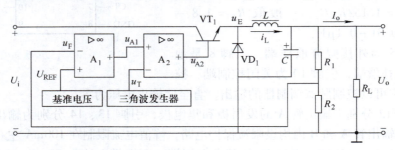

图 6-15　串联型开关稳压电路组成框图

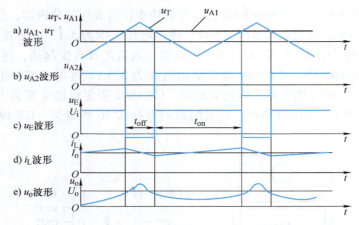

图 6-16　串联型开关稳压电路的电压、电流波形

电压比较器 A_2 输出电压 u_{A2} 为高电平时，调整管 VT_1 饱和导通，若忽略饱和压降，则 $u_E \approx U_i$，二极管 VD_1 承受反向电压而截止，u_E 通过电感 L 向 R_L 提供负载电流。由于电感自感电动势的作用，电感中的电流 i_L 随时间线性增长，L 同时存储能量，当 $i_L > I_o$ 后继续上升，C 开始被充电，u_o 略有增大。电压比较器 A_2 输出电压 u_{A2} 为低电平时，调整管截止，$u_E \approx 0$。因电感 L 产生相反的自感电动势，使二极管 VD_1 导通，于是电感中储存的能量通过 VD_1 向负载释放，使负载 R_L 中继续有电流通过，所以将 VD_1 称为**续流二极管**，这时 i_L 随时间线性下降，$i_L < I_o$ 后，C 开始放电，u_o 略有下降。u_E、i_L、u_o 波形如图 6-16c、d、e 所示，图中，I_o、U_o 为稳压电路输出电流、电压的平均值。由此可见，虽然调整管工作在开关状态，但由于二极管 VD_1 的续流作用和 L、C 的滤波作用，仍可获得平稳的直流电压输出。

开关调整管的导通时间为 t_{on}，截止时间为 t_{off}，开关的转换周期为 T，$T = t_{on} + t_{off}$，它取决于三角波电压 u_T 的频率。显然，忽略滤波器电感的直流压降、开关调整管的饱和压降以及二极管的导通压降，输出电压的平均值为

$$U_o \approx \frac{U_i}{T} t_{on} = q U_i \tag{6-12}$$

式中，q 称为脉冲波形的占空比，$q = t_{on}/T$。式(6-12)表明，U_o 正比于脉冲占空比 q，调节 q 就可以改变输出电压的大小，因此，将图 6-15 所示电路称为**脉宽调制**（**PWM**）**式开关稳压电路**。

根据以上分析可知，在闭环情况下，电路能根据输出电压的大小自动调节调整管的导通和关断时间，维持输出电压的稳定。当输出电压 U_o 升高时，取样电压 u_F 增大，误差放大器的输出电压 u_{A1} 下降，调整管的导通时间 t_{on} 减小，占空比 q 减小，使输出电压减小，恢复到原大小；反之，U_o 下降，u_F 下降，u_{A1} 上升，调整管的导通时间 t_{on} 增大，占空比 q 增大，使输出电压增大，恢复到原大小，从而实现了稳压的目的。必须指出，当 $u_F = u_{REF}$ 时，$u_{A1} = 0$，脉冲占空比 $q = 50\%$，此时稳压电路的输出电压 U_o 等于预定的标称值。所以，取样电路的分压比可根据 $u_F = u_{REF}$ 求得。

（2）并联型开关稳压电路　原理电路如图 6-17a 所示，图中，VT_1 为开关调整管，它与负载 R_L 并联，VD_1 为续流二极管，L 为滤波电感，C 为滤波电容，R_1、R_2 为取样电路，控制电路的组成与串联型开关稳压电路相同。当控制电路输出电压 u_B 为高电平时，VT_1 饱和导通，其集电极电位近似为零，使 VD_1 反偏而截止，输入电压 U_i 通过电流 i_L 使电感 L 储能，同时电容 C 对负载放电供给负载电流，如图 6-17b 所示。当控制电路输出电压 u_B 为低电平时，VT_1 截止，由于电感 L 中电流不能突变，这时在 L 两端产生自感电压 u_L 并通过 VD_1 向电容 C 充电，以补充放电时所消耗的能量，同时向负载供电，电流方向如图 6-17c 所示。此后 u_{A2} 再为高电平、低电平，VT_1 再次导通、截止，重复上述过程。因此，在输出端获得稳定的且大于 U_i 的直流电压输出。可以证明，并联型开关稳压电路的输出电压 U_o 为

$$U_o \approx \left(1 + \frac{t_{on}}{t_{off}}\right) U_i \tag{6-13}$$

式中，t_{on}、t_{off} 分别为开关调整管导通和截止的时间。

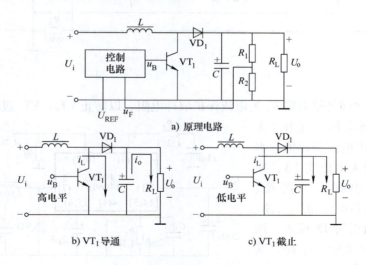

图 6-17　并联型开关稳压电路

由式(6-13)可见，并联型开关稳压电路的输出电压总是大于输入电压，且 t_{on} 越长，电感 L 中储存的能量越多，在 t_{off} 期间内向负载提供的能量越多，输出电压也就越大于输入电压。

3. 应用电路

图 6-18 所示为 CW1524 降压型开关稳压电路，通过外接开关调整管 VT_1、VT_2，可实现扩流。引脚 12 和 13、11 和 14 连接在一起，将芯片内输出管 A 和 B 并联作为外接复合调整管 VT_1、VT_2 的驱动级。引脚 6、7 分别接入 R_5 和 C_2，故振荡器的振荡频率 $f_0 = 1.15/(3 \times 10^3 \Omega \times 0.02 \times 10^{-6} F) = 19.2 kHz$。由引脚 16 输出的 5V 基准电压经 R_3、R_4 分压得 $U_{REF} = 5V \times R_4/(R_3 + R_4) = 2.5V$，送到误差放大器的同相输入端引脚 2。稳压电路的输出电压 U_o 经取样电路 R_1、R_2 的分压，获得 $U_F = U_o R_2/(R_1 + R_2)$，送到误差放大器反相输入端引脚 1。根据 $U_F = U_{REF}$，则可求得输出电压 U_o 为

$$U_o = 5V \times \left(1 + \frac{R_1}{R_2}\right)\frac{R_4}{R_3 + R_4} = 5V \times \left(1 + \frac{5k\Omega}{5k\Omega}\right)\frac{5k\Omega}{5k\Omega + 5k\Omega} = 5V$$

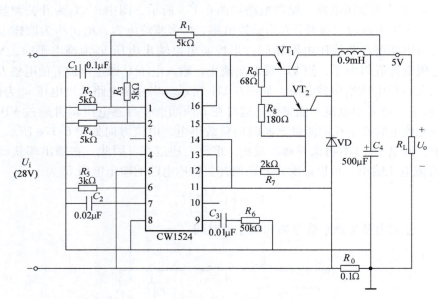

图 6-18 CW1524 降压型开关稳压电路

引脚 4 和 5 之间外接电阻 R_0 为限流保护取样电阻，以防止 VT_1、VT_2 过载损坏，其阻值决定于芯片内所需限流电压（为 0.1V）与最大输出电流的比值，本电路要求输出最大电流为 1A，所以 $R_0 = 0.1\Omega$。引脚 9 外接 R_6、C_3，用以防止电路产生寄生振荡。输入电压 28V 由引脚 15 接入。该电路为串联型开关稳压电路，其稳压原理前已叙述。

图 6-19 所示为 CW4960/4962

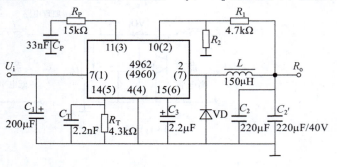

图 6-19 CW4960/4962 典型应用电路

典型应用电路(有括号的为 CW4960),它是串联型开关稳压电路。输入端所接电容 C_1 可以减小输出电压的纹波,R_1、R_2 为取样电阻,输出电压为

$$U_o = 5.1 \times \frac{R_1 + R_2}{R_2} \text{V}$$

R_1、R_2 的取值范围为 $500\Omega \sim 10\text{k}\Omega$。

R_T、C_T 用以决定开关电路的工作频率 $f = 1/R_T C_T$。一般 $R_T = (1 \sim 27)\text{k}\Omega$,$C_T = (1 \sim 3.3)\text{nF}$。图 6-19 所示电路的工作频率为 106kHz;R_P、C_P 为频率补偿电路,用以防止产生寄生振荡;VD 为续流二极管,采用 4A/50V 的肖特基或快恢复二极管;C_3 为软启动电容,一般 $C_3 = (1 \sim 4.7)\mu\text{F}$。

6.4 项目制作与调试

需要说明的是:因降压、整流、滤波电路在项目一中已有训练,故本项目仅制作稳压电路部分,也可视情况制作完整的 0~30V 可调直流稳压电源。

直流稳压电源的制作与调试

6.4.1 元器件检测

电路中所用电阻、电容、电位器等,其检测方法均已在前述项目中论及,故在此不再重复,请自行检测并列表记录。

对于稳压管,要检测其单向导电性,判断正、负极。

对于三端集成稳压器,测试各引脚间电阻,若接近于零,则说明内部短路,若为无穷大,则说明内部断路。

6.4.2 电路安装与调试

(1)电路安装 本电路拟在通用电路板上安装,按照信号流程,考虑板的大小、元器件数量和调试要求等因素,合理布局布线,做到排列整齐、造型美观。焊接时注意不要出现错焊、漏焊、虚焊等现象。

元器件排列和安装时应注意:

1)输入、输出及可调元器件(电位器)的位置要合理安排,做到调节方便、安全。

2)元器件上标数值的一面应当朝外,以易于观察。

3)注意稳压管极性不能接反。

4)注意三端稳压器引脚放在电路板的边缘位置,散热片要朝外。

(2)电路调试 检查元器件焊接正确无误后,用万用表电阻 $R \times 10$ 档测试电源输出端的电阻值,应有几十到几百欧的阻值(不能为 0)。接入输入电压,再用万用表直流电压档测试电源输出端电压,调节电位器,万用表测得的电压也应随之改变,且可调范围在 0~30V 连续变化。

6.4.3 实训报告

实训报告格式见附录 A。

6.5 项目总结与评价

6.5.1 项目总结

1) 在电子系统中,经常需要将交流电网电压转换为稳定的直流电压,为此要用整流、滤波和稳压等环节来实现。

2) 为保证输出电压不会因电网电压、负载和温度的变化而产生波动,可接入稳压电路,在小功率供电系统中,多采用串联反馈式稳压电路,而中大功率直流稳压电源多采用开关型稳压电路。

3) 稳压管稳压电路结构简单,但输出电压不可调,仅适用于负载电流较小且其变化范围也较小的情况。

4) 串联反馈式稳压电路的调整管工作在线性放大区,利用控制调整管的管压降来调整输出电压;开关型稳压电路的调整管工作在开关状态,利用控制调整管导通与截止时间的比例来稳定输出电压。

6.5.2 项目评价

项目评价原则仍然是"过程考核与综合考核相结合,理论考核与实践考核相结合,教师评价与学生评价相结合",本项目占 6 个项目总分值的 10%,具体评价内容参考表 6-2。

表 6-2 项目 6 评价表

考核项目	考核内容及要求	分值	学生评分(50%)	教师评分(50%)	得分
电路制作	1) 熟练使用数字式万用表检测元器件 2) 电路板上元器件布局合理、焊接正确	30 分			
电路调试	1) 熟练使用万用表和示波器 2) 正确测量直流稳压电源电路技术指标 3) 正确判断故障原因并独立排除故障	30 分			
实训报告编写	1) 格式标准,表达准确 2) 内容充实、完整,逻辑性强 3) 有测试数据记录及结果分析	20 分			
综合职业素养	1) 遵守纪律,态度积极 2) 遵守操作规程,注意安全 3) 富有团队合作精神	10 分			
小组汇报总评	1) 电路结构设计、原理说明 2) 电路制作与调试总结	10 分			
总分		100 分			

6.6 仿真测试

1. 仿真目的

1) 熟悉三端稳压源的功能。

2）掌握三端稳压源构成的正负两路输出直流稳压电路的电路结构。

2. 仿真电路（见图6-20）

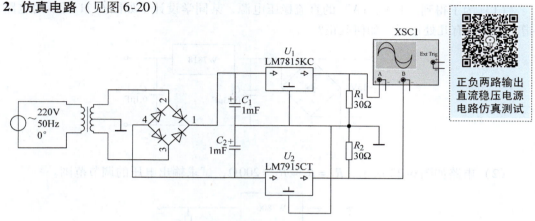

图6-20　正负两路输出直流稳压电源电路

3. 测试内容

按图6-20搭建仿真电路，先断开滤波电容，用示波器观察整流输出以及稳压输出的电压波形；接上滤波电容，再运行，观察稳压前与稳压后的电压波形；改变电容量，观察整流滤波后的电压波形。

小幅度改变输入的交流电压幅值，测量稳压后的输出电压幅值是否改变。

6.7　习题

1. 填空题

（1）稳压管通常工作在_____，当其正向导通时，相当于一只_____。

（2）开关型稳压电路按其稳压作用的脉冲占空比分为PWM和PFM两种形式，其中PWM是_____的缩写，PFM是_____的缩写。

（3）开关型稳压电路的主要优点是_____。

（4）W78系列的三端式稳压器用于产生_____电压；W79系列的三端式稳压器用于产生_____电压。

（5）稳压电路主要是要求在_____和_____发生变化的情况下，其输出电压基本不变。

2. 判断题

（1）一般情况下，开关型稳压电路比线性稳压电路的效率高。　　　　　　（　　）

（2）可调式三端稳压器可用于构成可调稳压电路，而固定式三端稳压器则不能。
　　　　　　　　　　　　　　　　　　　　　　　　　　　　　　　　（　　）

（3）可调式三端稳压器CW317和CW337的输出端和调整端之间的电压是可调的。
　　　　　　　　　　　　　　　　　　　　　　　　　　　　　　　　（　　）

（4）开关型稳压电路的调整管主要工作在截止和饱和两种状态，因此管耗很小。
　　　　　　　　　　　　　　　　　　　　　　　　　　　　　　　　（　　）

（5）稳压电路的输出电阻越小，意味着负载变化对输出电压变化的影响越小。（　　）

3. 分析计算题

（1）为了得到"18V、1A"的直流稳压电源，某同学设计了如图 6-21 所示的电路，试指出电路中有几处错误，如何改正？

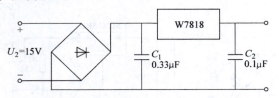

图 6-21　计算题(1)图

（2）电路如图 6-22 所示，$R_1 = R_2 = R_3 = 200\Omega$，试求输出电压的调节范围。

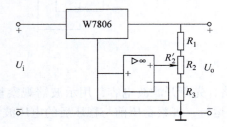

图 6-22　计算题(2)图

（3）电路如图 6-23 所示，已知 $U_{REF} = 1.25V$，试求输出电压 U_o 的调节范围。

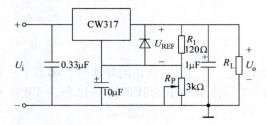

图 6-23　计算题(3)图

附 录

附录A 实训报告

实训报告由两部分组成,第一部分为封面,见表A-1,也可让学生自行设计,但要包含表A-1中的信息;第二部分为报告正文,见表A-2。

表A-1 实训报告封面

项目实训报告

　　　／　　学年　第　　学期

项 目 名 称 _____

班　　　级 _____

学　　　号 _____

姓　　　名 _____

指 导 教 师 _____

表 A-2　实训报告正文

一、项目实训目的
二、项目实训内容
三、实训步骤
四、数据记录
五、结果分析
六、成绩评定

附录 B 习题参考答案

项目 1

1. 填空题

(1) 0、∞　　(2) 电子、空穴、空穴、电子　　(3) 电子、空穴、空穴、电子

(4) 0.6～0.8、0.7、0.2～0.3、0.2、1～2.5　　(5) 小

(6) 损坏　　(7) 18V、22～24V　　(8) 限幅

(9) 大、小　　(10) 反向击穿区、普通二极管

2. 判断题

(1) √　(2) ×　(3) ×　(4) ×　(5) √

(6) √　(7) ×　(8) ×　(9) √　(10) √

3. 选择题

(1) B　(2) B　(3) D　(4) B　(5) A

(6) C　(7) B　(8) D　(9) B　(10) C

4. 分析计算题

(1)

a) $U_A = 0.7V$, $I_D = 3.95mA$

b) $U_A = 6.7V$, $I_D = 4.4mA$

c) $U_A = 5.1V$, $I_D = 4.4mA$

(2)

a) 二极管正偏导通, $U_{AO} = 4V$, $I = 1.4mA$

b) VD_1 导通, VD_2 截止, $U_{AO} = 0V$, $I = 3.75mA$

c) VD_1 导通, VD_2 截止, $U_{AO} = 0V$, $I = -2.25mA$

(3) $I_D = 1.04mA$, $r_d = 25\Omega$, $u_o = 5\sin\omega t$ mV

(4) 略

(5)

1) $U_2 = 16.7V$, $U_{DRM} = 23.5V$, $I_F \geq (100\sim150)mA$

2) $C = 100\mu F$, $U_C > 23.5V$

3) 电容开路时: $U_o \approx 15V$

4) 负载开路时: $U_o = 23.5V$

(6)

1) $U_o = 6.36V$

2) $I_D = 63.6mA$

3) $U_{DRM} = 20V$

(7)

1) $U_o = 12V$　　2) $I_D = 0.12A$

3) $U_{DRM} = 14.14V$　　4) $C = 800\mu F$

(8) 略

(9) $R_{min} = 213Ω$,$R_{max} = 640Ω$

(10)

开关 S 闭合时,电压表读数 $U_V = 8.57V$,电流表读数为:$I_{A1} = I_{A2} = 4.29mA$

开关 S 断开时,电压表读数 $U_V = 12V$,电流表 A_1 读数 $I_{A1} = 3.6mA$,电流表 A_2 读数为 0

项目 2

1. 填空题

(1) 高、窄、低、大、正向、反向

(2) 共发射极、共集电极、共基极

(3) 增大、增大、减小

(4) N、P、结、绝缘栅、增强、耗尽

(5) 20、30、30

(6) C、A、B、NPN、50

(7) B、A、C、NPN

(8) 正向、反向、正向、正向

(9) −200、共基极、共发射极、共集电极

(10) 电压放大倍数、相位差

(11) 栅源电压、压控电流源

(12) 放大、饱和

(13) 直流、交流

(14) 正、负

(15) 增大、增大

(16) 反馈深度、深度负反馈

2. 判断题

(1) √ (2) × (3) × (4) × (5) × (6) × (7) √
(8) × (9) √ (10) × (11) √ (12) √ (13) √ (14) √
(15) √ (16) √

3. 选择题

(1) C (2) B (3) C (4) B (5) C (6) B (7) C
(8) B (9) C (10) B (11) B (12) D (13) A

4. 分析计算题

(1) $I_B = 0.077mA$,$I_C ≈ 1.67mA$,$I_{BS} = 0.0167mA < I_B$

晶体管处于深度饱和状态,$U_{CE} ≈ 0V$

(2)

1) S 与 A 点连接,晶体管工作在饱和状态,$I_C ≈ 2mA$

2) S 与 B 点连接,晶体管工作在放大状态,$I_B ≈ 10.4μA$,$I_C = 0.52mA$

3) S 与 C 点连接,晶体管工作在截止状态,$I_C = 0mA$

(3)
1) $R_B = 753\text{k}\Omega$
2) $A_u = -109$, $R_i = 1.83\text{k}\Omega$, $R_o = 5\text{k}\Omega$

(4)
1) $I_C \approx I_E = 1\text{mA}$, $I_B \approx 10\mu\text{A}$, $U_{CE} = 4.6\text{V}$
2) 略
3) $A_u = -90$, $R_i = 1.6\text{k}\Omega$, $R_o = 5.1\text{k}\Omega$
4) 断开 C_E 时，静态工作点不变；但 R_E 引入交流串联电流负反馈，使电压放大倍数减小、输入电阻增大。

(5)
1) $I_B \approx 28\mu\text{A}$, $I_C = 1.4\text{mA}$, $U_{CE} = 6.4\text{V}$
2) $A_u \approx -4.4$, $R_i \approx 11\text{k}\Omega$, $R_o \approx 2\text{k}\Omega$, $A_{uS} = -4.03$
3) 截止失真；应减小 R_B 值

(6)
1) $I_C \approx I_E \approx 1.55\text{mA}$, $I_B \approx 15.5\mu\text{A}$, $U_{CE} = 2.19\text{V}$
2) 略
3) $A_u \approx -16$, $R_i \approx 9.2\text{k}\Omega$, $R_o \approx 8.2\text{k}\Omega$
4) $u_o = -225\sin\omega t (\text{mV})$

(7)
1) $I_B = 0.056\text{mA}$, $I_C = 2.8\text{mA}$, $U_{CE} = 6.4\text{V}$
2) 负载开路时：$A_u \approx 0.993$
接负载时：$A_u \approx 0.985$
3) 接负载时：$R_i \approx 34.1\text{k}\Omega$, $R_o \approx 15\Omega$

(8)
1) 共基极电路
2) $A_u \approx 104$, $R_i \approx 14\Omega$, $R_o = 3\text{k}\Omega$

(9)
a) P 沟道耗尽型 IGFET, $U_{GS(off)} = 2\text{V}$, $I_{DSS} = 2\text{mA}$
b) N 沟道结型 FET, $U_{GS(off)} = -4\text{V}$, $I_{DSS} = 4\text{mA}$

(10)
a) P 沟道结型 FET, $U_{GS(off)} = 4\text{V}$, $I_{DSS} = 4\text{mA}$
b) P 沟道增强型 IGFET, $U_{GS(th)} = -2\text{V}$

(11) $A_u \approx -3$, C_S 开路时 $A_u \approx -1$, $R_i = 519\text{k}\Omega$, $R_o = 3\text{k}\Omega$

(12) $A_u = 26.8$, $R_i = 2\text{M}\Omega$, $R_o = 0.75\text{k}\Omega$

(13) R_{E1}、R_{E3} 分别构成第 1 级和第 3 级的交、直流负反馈，其中交流负反馈为交流电流串联负反馈；R_{E2} 构成第 2 级的直流负反馈；R_{f1}、R_B 构成级间直流负反馈；R_{f2} 构成级间交、直流正反馈。

(14)

a) $A_{uf} = -\dfrac{R_4}{R_1}$

b) $A_{uf} = 1 + \dfrac{R_4}{R_2}$

(15) $A_f = 25$

项目 3

1. 填空题

(1) 之比、共模信号的　　(2) 对称、抑制、差模、共模
(3) 零点漂移、温度变化　　(4) 差模、共模
(5) 差、平均、12、12　　(6) ∞、∞、0
(7) 零、虚短、零、虚断　　(8) 不存在、存在
(9) 负、正　　(10) 二极管　　(11) 20dB、40dB、高
(12) 低通　　(13) 带通　　(14) 低通、高通、带通、带阻

2. 判断题

(1) √　(2) √　(3) √　(4) √　(5) ×　(6) √　(7) √
(8) ×　(9) ×　(10) ×　(11) √　(12) ×　(13) √

3. 选择题

(1) C　(2) B　(3) D　(4) A　(5) C　(6) B　(7) C　(8) C
(9) A　(10) B　(11) C　(12) B　(13) D　(14) B　(15) D　(16) C

4. 分析计算题

(1)
1) $I_{C1} = I_{C2} = 0.5\text{mA}$，$U_{CE1} = U_{CE2} = 7.7\text{V}$
2) 略
3) $A_{ud} \approx -90.1$，$R_{id} = 11.1\text{k}\Omega$，$R_o = 20\text{k}\Omega$

(2)
1) $I_{C1} = I_{C2} \approx 0.715\text{mA}$
2) $A_{ud} \approx -125$，$A_{uc} = 0$，$K_{CMR} = \infty$
3) $u_o = -1.25\text{V}$

(3)
1) $I_{B1} = I_{B2} \approx 10\mu\text{A}$，$I_{C1} = I_{C2} = 0.5\text{mA}$
2) $u_i = -61.7\text{mV}$

(4)
1) $u_o = -u_i$　2) $u_o = u_i$　3) $u_o = u_i$　4) $u_o = -u_i$

(5) $R = 100\text{k}\Omega$。

(6)
1) $U_C = 6\text{V}$，$U_B = 0\text{V}$，$U_E = -0.7\text{V}$　2) $\beta = 50$

(7)
1) 波形略，$t = 50\text{ms}$　2) 略

(8) $u_o = \dfrac{R_4}{R_3}\left(1 + \dfrac{2R_2}{R_1}\right)(u_{i2} - u_{i1})$

(9) $u_o = 0.15\text{V}$

(10) $u_o = 6\text{mV}$

(11) $u_o = 0$

(12)

1) $f_H = 200\text{Hz}$ 2) $C \approx 0.008\mu\text{F}$

(13)

1) $C = 0.318\mu\text{F}$ 2) $A_{up} = 11$

项目4

1. 填空题

(1) $|\dot{A}_u \dot{F}_u| = 1$、$\phi_A + \phi_F = 2n\pi(n = 0,1,2,\cdots)$、正

(2) 正

(3) 变压器、电容、电感

(4) 纯电阻、谐振频率

(5) 电感、电容

(6) $\dfrac{1}{2\pi RC}$、1/3、0、3、同

(7) 非线性失真

(8) 单值、迟滞、滞回

(9) 3V、-1V、4V

2. 判断题

(1) × (2) √ (3) × (4) × (5) ×
(6) √ (7) × (8) √ (9) × (10) ×

3. 选择题

(1) D (2) C (3) A (4) B (5) A
(6) A (7) B (8) B (9) B (10) D

4. 分析计算题

(1) 电路错误改正如下：

1) 将 R_1 改为略小于 5kΩ 或者将 R_2 改为略大于 20kΩ，以满足振幅起振条件；

2) 集成运放的同相端和反相端位置互换。

$f_0 = 1.59\text{kHz}$

(2)

1) 能振荡；

2) $f_0 = 1.59\text{kHz}$，热敏电阻为负温度系数；

3) R_1 和 R_2 组成负反馈，反馈系数 1/3；R、C 串并联网络组成正反馈，反馈系数 1/3。

(3) 将同名端标在二次绕组的下端，$f_0 = 0.877\text{MHz}$

(4)

1）略

2）$f_{0(\max)} = 2.96\text{MHz}$，$f_{0(\min)} = 1.3\text{MHz}$

(5) 图 4-51a 不能振荡。修改方法：在反馈端与发射极之间加一隔直耦合电容。

图 4-51b 可能产生振荡。

(6) 电容三点式 LC 振荡电路；$f_0 = 1.9\text{MHz}$

(7) 略

(8) 图 4-54a 为并联型，图 4-54b 为串联型，图 4-54c 为串联型。

(9) 并联型晶体振荡电路，石英晶体起电感作用，与 C_1、C_2、C_3 构成改进型电容三点式 LC 振荡电路。$f_0 = 10\text{MHz}$。

(10) $u_S = 2.5\text{mV}$，传输特性略。

(11) 略

(12)

1）$U_T = 1\text{V}$

2）略

(13) $U_{T+} = 2\text{V}$，$U_{T-} = -2\text{V}$。

(14) $R = 490\text{k}\Omega$

(15) $U_{T+} = 4\text{V}$，$U_{T-} = -2\text{V}$，$\Delta U_T = 6\text{V}$

(16)

1）第一级运放电路为 RC 桥式正弦波振荡电路；第二级运放电路为过零电压比较器。

2）$f_0 = 1.59\text{kHz}$

3）略

项目 5

1. 填空题

(1) 电压、电流、极限   (2) 甲类、乙、甲乙   (3) 乙类、甲类

(4) 40、2.5、5   (5) 共集电极或射极跟随器、78.5% 或 π/4、交越

(6) OCL、1   (7) OTL、大电容   (8) 6.25、1.25

(9) 零、$0.6V_{CC}$

2. 判断题

(1) × (2) × (3) × (4) √ (5) ×

(6) √ (7) √ (8) × (9) × (10) ×

3. 选择题

(1) C (2) A (3) C (4) C (5) D

(6) D (7) A (8) C (9) C

4. 分析计算题

(1)

1）$P_{om} \approx 1.56\text{W}$，$P_V \approx 2.38\text{W}$，$P_{T1} = 0.41\text{W}$，$\eta \approx 65.5\%$

2）$I_{CM} > 0.625\text{A}$，$U_{(BR)CEO} > 12\text{V}$，$P_{CM} > 0.45\text{W}$

(2)

1) $V_{CC} = 12V$ 2) $U_{om} = 12V$, $P_V \approx 11.5W$

3) $P_{T1} = 1.8W$ 4) $U_m = 12V$, $U_i \approx 8.49V$

(3)

1) $P_o = 12.5W$, $P_V \approx 27W$, $P_{T1} = 14.5W$, $\eta \approx 46.3\%$

2) $P_{om} = 36W$, $P_{T1} = 4.95W$, $P_V \approx 45.9W$, $\eta = 78.5\%$

(4)

1) $P_{oM} = 24.5W$ 2) $U_{om} = 9.9V$

(5) 电路出现了交越失真,应使电路工作在甲乙类工作状态。

(6)

1) $V_{CC} = 5V$

2) $P_{T2} = P_{T3} = 160mW < P_{CM}$, $I_{Cmax} = 312mA > I_{cm}$, $U_{CEm} = 10V < U_{(BR)CEO}$

因此,选择的功率管不满足要求。

(7)

1) 电容充当 $V_{CC}/2$ 电源,起耦合交流信号的作用。

2) $P_{om} = 2.25W$

3) $P_{T1} = 0.45W$

(8)

1) $U_C = 6V$。先调节 R_{P1} 2) 调节 R_{P2}

3) $P_{om} = 1.13W$, $P_V \approx 1.43W$, $P_{T1} = P_{T2} = 0.15W$, $\eta = 78.5\%$

4) 不安全,VT_1、VT_2 两管将因功耗过大而损坏。

项目6

1. 填空题

(1) 反向击穿区、普通二极管   (2) 脉宽调制、频率调制

(3) 效率高   (4) 正、负   (5) 电网电压、负载

2. 判断题

(1) √   (2) ×   (3) ×   (4) √   (5) √

3. 分析计算题

(1) 图中有3处错误:

① U_2 太低,因三端稳压器的输入电压至少应高于输出电压2V,所以 $U_{C1} \geq 20V$;

② 应在整流电路后加一个滤波大电容 C;

③ 三端稳压器的第3个引脚应接地,并与 C_1、C_2 的公共端相连。

(2) $9V \leq U_o \leq 18V$

(3) 当 $R_2 = 0$ 时,$U_o = 1.25V$;当 $R_2 = 3k\Omega$ 时,$U_o \approx 32.5V$

所以调节范围为 $1.25 \sim 32.5V$。

参 考 文 献

［1］胡宴如. 模拟电子技术［M］. 6版. 北京：高等教育出版社，2019.
［2］周良权. 模拟电子技术基础［M］. 6版. 北京：高等教育出版社，2020.
［3］华成英. 模拟电子技术基本教程［M］. 北京：高等教育出版社，2020.
［4］葛中海. 模拟电子技术基础［M］. 北京：机械工业出版社，2020.
［5］王连英，李少义，等. 电子线路仿真设计与实验［M］. 北京：高等教育出版社，2019.
［6］朱彩莲. Multisim 电子电路仿真教程［M］. 西安：西安电子科技大学出版社，2019.